网络设备调试

主　编　王风录　成　祥

副主编　李志斌　魏少谦　弓　静

　　　　李盼利　王　蓓　赵艳伟

武汉理工大学出版社

·武　汉·

内 容 简 介

本书为校企合作、共同研发的教材,内容充分结合企业实际需求,充分体现以学生为主体、以教师为主导、以项目为平台的教学原则,从家庭网络设置、微型企业网络设置、中型企业网络设置三个方面、九个任务出发,逐次展现了由小到大的各级网络工程的构建。同时,在项目中有效地融合企业文化,使学生在掌握网络设备调试技能的同时,学习企业文化内容。

本书可供中等职业学校计算机网络、计算机应用等相关专业使用,亦可供相关网络技术人员参考。

图书在版编目(CIP)数据

网络设备调试 / 王风录,成祥主编.—武汉:武汉理工大学出版社,2023.5
ISBN 978-7-5629-6808-5

Ⅰ.①网…　Ⅱ.①王…　②成…　Ⅲ.①网络设备-调试方法-中等专业学校-教材
Ⅳ.①TN915.05

中国国家版本图书馆 CIP 数据核字(2023)第 073077 号

项目负责人:彭佳佳	**责 任 编 辑**:彭佳佳
责 任 校 对:张莉娟	**排 版 设 计**:正风图文

出 版 发 行:武汉理工大学出版社
地　　　址:武汉市洪山区珞狮路 122 号
邮　　　编:430070
网　　　址:http://www.wutp.com.cn
经　　　销:各地新华书店
印　　　刷:武汉兴和彩色印务有限公司
开　　　本:787mm×1092mm　1/16
印　　　张:12.75
字　　　数:326 千字
版　　　次:2023 年 5 月第 1 版
印　　　次:2023 年 5 月第 1 次印刷
定　　　价:48.00 元

前　言

随着网络技术的迅速发展,各企事业单位的网络也在不断地升级提速,网络技术越来越受到人们重视,而网络设备调试是网络互联技术应用的基础,因此,培养网络设备调试人才成为当前社会发展的迫切需要。

本书以培养学生的职业技能和职业素养为宗旨,总结多年的教学经验,结合企业工作要求,将真实的网络工程项目和方案带入课堂,将最新的网络技术传递给学生。本书特色如下:

1.校企合作共同研发,以企业工作岗位为依据,以培养职业技能和职业素养为核心。全书所有项目均来自实际岗位,便于学生快速融入岗位业务。

2.采用"3—4—9—36"教学法进行项目设计,明确本课程的三个目标尺度(知识要求、技能要求、素养要求),融入四个岗位能力(生手、熟手、能手、高手),结合九个等级测试(T1~T2 生手阶段,T3~T5 熟手阶段,T6~T8 能手阶段,T9 高手阶段)。

3.融入企业文化。企业文化是职业学校发展的核心竞争力,是职业学校发展的灵魂,对于陶冶学生情操、促进学生健康成长、实现技能型人才的培养目标有着举足轻重、不可替代的作用。

4.以思科模拟器为平台模拟实现。不受网络设备的限制,没有网络设备也能按照教材完成相应实训任务的学习,而且能实现每个人单独操作,整体提高了学生的操作水平和学习兴趣。

本书编者由企业一线工程师、从事网络设备调试相关教学一线的教师、从事"网络搭建"项目技能比赛获奖的指导教师、多年从事学生德育工作的教师组成,他们具有丰富的教学、培训经验。

因编者水平有限,书中难免存在不妥和疏漏,恳请广大读者指正。

校企合作教材开发组
2023 年 3 月

目　　录

项目 1　家庭网络设置

任务 1.1　家庭办公网络

 问题提出

小明需要在家通过网课学习，于是安装了光纤宽带，现需要将电脑连接外网实现上网功能。

 任务梳理

具体任务见表1.1。

表 1.1　具体任务

硬件准备	计算机一台	
	厂家自带光猫、路由器	
	网线1根（长度1~2 m）	
连接入网	计算机与光猫通过网线进行物理连接	
	小区宽带上网	使用账户和密码
		使用 IP 地址上网
		使用 MAC 地址
	光纤入户连接路由器上网	利用计算机拨号上网
网络连接测试	通过 ping 命令检测	
	使用 ping 命令自己检测网络故障	

 实现步骤

一、家庭局域网建立

准备1根网线、1台光猫，根据家庭办公网络连接示意图（图1.1）建立物理连接（将可

以上网的网线接入电脑的网线接口）。

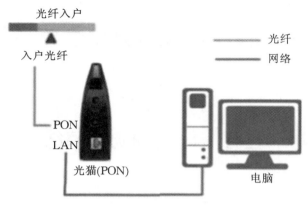

图 1.1　家庭办公网络连接示意图

二、小区宽带上网

1. 使用账户和密码

如果服务商提供账户和密码，用户只需将服务商接入的网线连接到电脑上。

（1）单击【开始】菜单→【控制面板】（图 1.2）。

图 1.2　【开始】菜单

（2）单击【网络和 Internet】（图 1.3）。

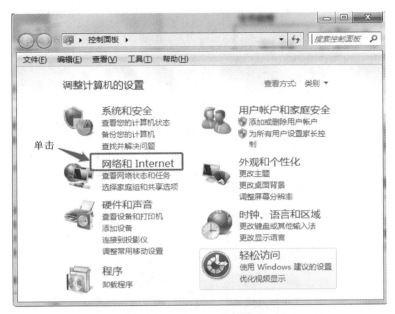

图 1.3　在【控制面板】中单击【网络和 Internet】

（3）选择【更改适配器设置】（图 1.4）。

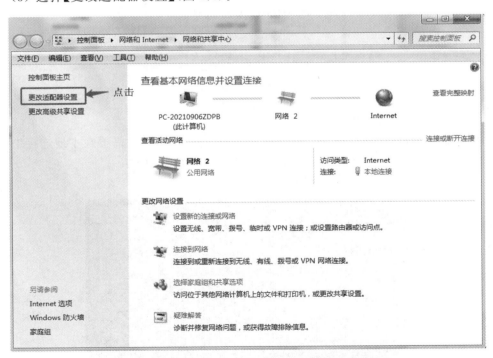

图 1.4　在【网络和 Internet】中单击【更改适配器设置】

（4）双击【宽带连接】（图1.5）。

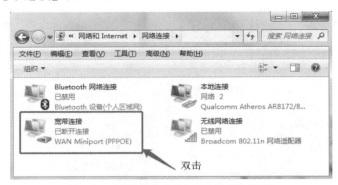

图 1.5 在【网络连接】中双击【宽带连接】

（5）输入服务商提供的用户名和密码之后，单击【连接】（图1.6）。

图 1.6 连 接

2. 使用 IP 地址上网

如果服务商提供 IP 地址、子网掩码以及 DNS 服务器，用户需要在本地连接中设置 Internet（TCP/IP）协议，以 Windows 10 为例演示具体步骤如下：

（1）在电脑右下角单击【电脑】图标（图1.7）。

图 1.7 Windows 10 主界面

（2）在打开的界面中，单击【网络和 Internet 设置】选项（图 1.8）。

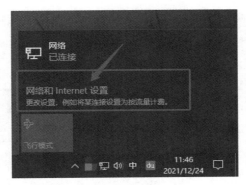

图 1.8 单击【网络和 Internet 设置】

（3）单击【网络和共享中心】进入（图 1.9）。

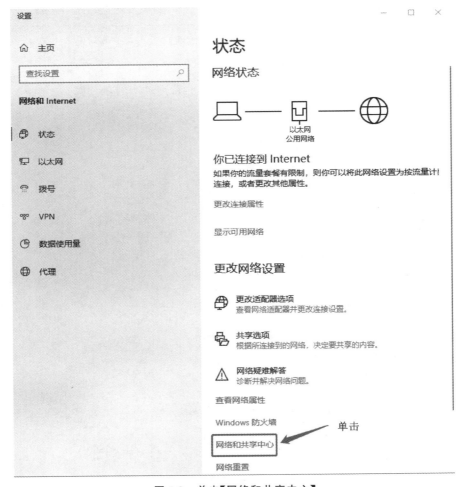

图 1.9 单击【网络和共享中心】

（4）单击【以太网】进入（图 1.10）。

图 1.10　单击【以太网】

（5）在打开的窗口中，单击【属性】按钮（图 1.11）。

图 1.11　单击【属性】按钮

（6）双击【Internet 协议版本 4（TCP/IPv4）】进入（图 1.12）。

图 1.12　双击【Internet 协议版本 4（TCP/IPv4）】

（7）选择【使用下面的 IP 地址（S）：】，在"IP 地址"文本框中输入新的 IP 地址；选择【使用下面的DNS 服务器地址（E）：】，在"首选 DNS 服务器"文本框中输入新的 DNS 地址（图 1.13）。

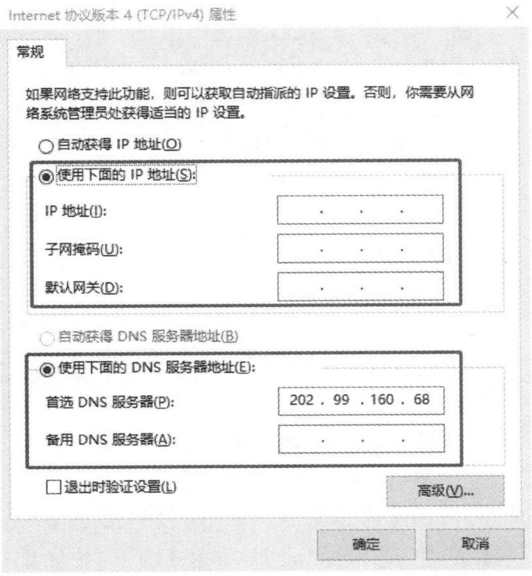

图 1.13　输入 IP 地址及 DNS 服务器地址

（8）最后单击【确定】按钮，则修改网络 IP 地址成功（图 1.14）。

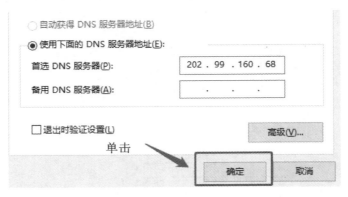

图 1.14　单击【确定】

3. 使用 MAC 地址

如果小区或单位提供 MAC 地址，用户可以使用以下步骤进行设置：

（1）打开【本地连接属性】对话框，单击【配置（C）】按钮（图 1.15）。

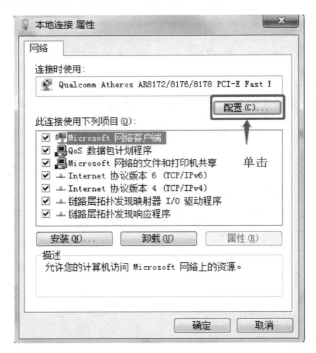

图 1.15　【本地连接属性】对话框

（2）弹出【属性】对话框，单击【高级】选项卡，在"属性"列表中选择【网络地址】选项，在右侧【值（V）】文本框中输入 12 位 MAC 地址，单击【确定】按钮即可连接网络（图 1.16）。

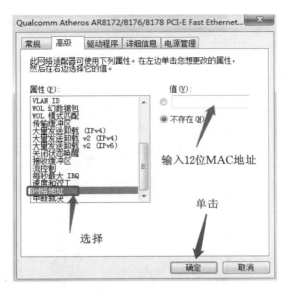

图 1.16　输入 12 位 MAC 地址

三、光纤入户连接路由器上网

1. 网线连接

准备 1 根网线、1 台光猫、1 台路由器，根据图 1.17 建立物理连接（将可以上网的网线接入电脑的网线接口）。

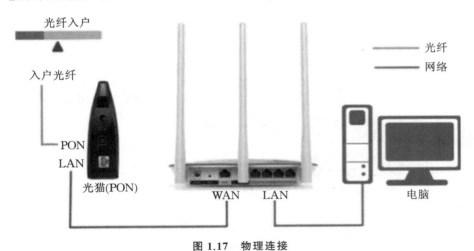

图 1.17　物理连接

2. 利用路由器拨号上网

（1）在 IE 浏览器中输入路由器的 IP 地址，一般默认有两种（192.168.1.1 或者 192.168.0.1）。

（2）进入管理页面后选择【设置向导】或者【高级设置】→【网络参数】→【WAN 口设置】，如图 1.18 所示。

图 1.18　设置向导

（3）在打开的窗口中选择上网方式为：宽带拨号上网或者 ADSL PPPoE 方式，再输入网络供应商提供的宽带账号和密码，点击【保存】即可，路由器将自动连接网络，如图 1.19 所示。

图 1.19　选择上网方式

四、使用 ping 命令自己检测网络故障

具体步骤(图 1.20)如下:

(1) 首先调用命令提示符(cmd)

(2) 通过 ping 127.0.0.1本地回环IP
地址检测本机上的TCP/IP协议是
否安装正确

(3) 查看电脑中所有网络连接的情况

使用ping命令自己检测
网络故障

(4) ping自己的本地IP地址,检查
本地连接是否有问题

(5) 检查是否可以ping通网关地址

(6) 检查是否和外网相通,即是
否连接到互联网

图 1.20　使用 ping 命令自己检测网络故障的步骤

(1) 首先点击【开始】→【运行】,输入"cmd"进入命令提示符窗口(图 1.21、图 1.22)。

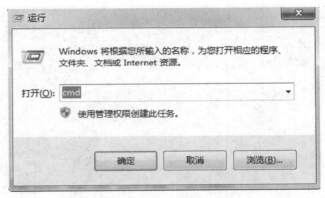

图 1.21　输入"cmd"命令

图 1.22　命令提示符窗口

网络设备调试

拓展 命令提示符(cmd)是在操作系统中进行命令输入的一种工作提示符。在不同的操作系统环境下,命令提示符各不相同。在 Windows 环境下,命令行程序为 cmd.exe,是一个 32 位的命令行程序。微软 Windows 系统基于 Windows 上的命令解释程序,类似于微软的 DOS 操作系统。

cmd 的打开方式有两种:第一种,通过"win 键+R"打开运行;第二种点击【开始】→【运行】→输入"cmd",即可打开。

(2)输入 ping 127.0.0.1。127.0.0.1 是本地回环 IP 地址,此命令用于检测本机上 TCP/IP 协议是否安装正确。如图 1.23 所示,可以看出 127.0.0.1 的 ping 统计信息:发送 4 个数据包,接收 4 个数据包,丢失 0 个,说明网络是通的,没有丢失信息的现象。如果有数据包丢失则代表网络是不通的,那么需要重新安装 TCP/IP 协议。

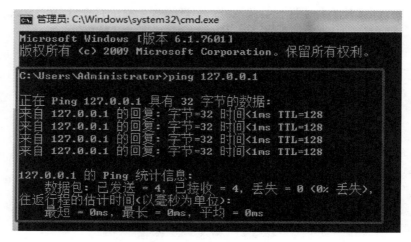

图 1.23 ping 统计信息

知识点 回环地址 127.0.0.1,通常被称为本地回环地址(Loopback Address),不属于任何一个有类别的地址类。它代表设备的本地虚拟接口,所以默认为永远不会宕掉的接口。在 Windows 操作系统中也有相似的定义,所以通常在安装网卡前就可以 ping 通这个本地回环地址。ping 命令一般用来检查本地网络协议、基本数据接口等是否正常。

图 1.23 中显示收到 127.0.0.1 的 4 个回复,并且每个数据包都是 32 个字节,用时 1 ms,TTL 为 128 跳。其中,TTL 是 TIME TO LIVE 的缩写,该字段指定 IP 包被路由器丢弃之前允许通过的最大网段数量。TTL 是 IPv4 报头的一个 8 BIT 字段。

(3)输入"ipconfig",可以查看电脑中所有网络连接的情况,包括 IP 地址、子网掩码、默认网关等一系列信息,如图 1.24 所示。

```
C:\Users\Administrator>ipconfig

Windows IP 配置

以太网适配器 本地连接:

   连接特定的 DNS 后缀 . . . . . . . :
   本地链接 IPv6 地址. . . . . . . . : fe80::6dd5:cd8c:fb8:8b55%13
   IPv4 地址 . . . . . . . . . . . . : 192.168.3.149
   子网掩码 . . . . . . . . . . . . : 255.255.255.0
   默认网关 . . . . . . . . . . . . : 192.168.3.1

隧道适配器 isatap.www.tendawifi.com:

   媒体状态 . . . . . . . . . . . . : 媒体已断开
   连接特定的 DNS 后缀 . . . . . . . :

隧道适配器 本地连接* 3:

   媒体状态 . . . . . . . . . . . . : 媒体已断开
   连接特定的 DNS 后缀 . . . . . . . :

隧道适配器 isatap.{54565BCB-560F-40BD-BA0F-ED8CC479E1D5}:

   媒体状态 . . . . . . . . . . . . : 媒体已断开
   连接特定的 DNS 后缀 . . . . . . . :
```

图 1.24 输入"ipconfig"

知识点 通常情况下,一台终端设备上网必须设置 IP 地址、子网掩码、网关 IP 地址,终端 IP 地址与网关 IP 地址属于同一个网段,网关 IP 是终端访问外网的"第一关"。后面的步骤会通过 ping 本地终端地址及网关地址检测网络是否正常。

IP 地址:IP 地址是指互联网协议地址(Internet Protocol Address,又译为网际协议地址),是 IP 协议提供的一种统一的地址格式,它为互联网上的每一个网络和每一台主机分配一个逻辑地址,以此来屏蔽物理地址的差异。IP 地址被用来给 Internet 上的每一台电脑赋予一个编号。大家日常见到的情况是每台联网的电脑上都需要有 IP 地址,才能正常通信。可以把"个人电脑"比作"一台电话",那么 IP 地址就相当于"电话号码",而 Internet 中的路由器,就相当于电信局的"程控式交换机"。

子网掩码:子网掩码(Subnet Mask)又叫网络掩码、地址掩码、子网络遮罩,它用来指明一个 IP 地址的哪些位标识的是主机所在的子网,以及哪些位标识的是主机的位掩码。子网掩码不能单独存在,它必须结合 IP 地址一起使用。子网掩码只有一个作用,就是将某个 IP 地址划分成网络地址和主机地址两部分。子网掩码是一个 32 位地址,用于屏蔽 IP 地址的一部分以区别网络标识和主机标识,并说明该 IP 地址是在局域网上,还是在广域网上。

网关:我们从一个房间到另一个房间,必须经过一扇门。同样,从一个网络向另一个网络发送和接收数据,也需要经过一道"关口",而这个关口就是网关。也可以这样理解,网关就是一个网络连接另一个网络的"关口"。

(4)在上一步中记下电脑 IP 地址、子网掩码以及网关地址,然后输入"ping 192.168.

3.149",查看能否 ping 通自己主机(图 1.25)。ping 自己的本地 IP 地址,如果有丢失数据包的现象,说明本地连接有问题,这时尝试禁用网卡再重新启用。

```
C:\Users\Administrator>ping 192.168.3.149

正在 Ping 192.168.3.149 具有 32 字节的数据:
来自 192.168.3.149 的回复: 字节=32 时间<1ms TTL=128
来自 192.168.3.149 的回复: 字节=32 时间<1ms TTL=128
来自 192.168.3.149 的回复: 字节=32 时间<1ms TTL=128
来自 192.168.3.149 的回复: 字节=32 时间<1ms TTL=128

192.168.3.149 的 Ping 统计信息:
    数据包: 已发送 = 4,已接收 = 4,丢失 = 0 (0% 丢失),
往返行程的估计时间(以毫秒为单位):
    最短 = 0ms,最长 = 0ms,平均 = 0ms
```

图 1.25 输入"ping 192.168.3.149"

(5)输入"ping 192.168.3.1",检查是否可以 ping 通网关地址。ping 网关地址是为了检查网络到达网络端口的网络是否正常,如图 1.26 所示。由统计信息即可看出,没有出现丢失数据包的现象,说明网络端口正常。如果有丢失数据包的现象,证明网络端口存在问题。

```
C:\Users\Administrator>ping 192.168.3.1

正在 Ping 192.168.3.1 具有 32 字节的数据:
来自 192.168.3.1 的回复: 字节=32 时间<1ms TTL=255
来自 192.168.3.1 的回复: 字节=32 时间<1ms TTL=255
来自 192.168.3.1 的回复: 字节=32 时间<1ms TTL=255
来自 192.168.3.1 的回复: 字节=32 时间<1ms TTL=255

192.168.3.1 的 Ping 统计信息:
    数据包: 已发送 = 4,已接收 = 4,丢失 = 0 (0% 丢失),
往返行程的估计时间(以毫秒为单位):
    最短 = 0ms,最长 = 0ms,平均 = 0ms
```

图 1.26 输入"ping 192.168.3.1"

(6)检查是否和外网相通,即是否连接到互联网。输入"ping www.baidu.com",在命令提示符窗口中可以看到百度返回的数据包状态,以及接收数据包的时间。根据数据统计,发送 4 个数据包,接收 4 个数据包,丢失 0 个,说明成功连接到外网,如图 1.27 所示。

```
C:\Users\Administrator>ping www.baidu.com

正在 Ping www.a.shifen.com [110.242.68.4] 具有 32 字节的数据:
来自 110.242.68.4 的回复: 字节=32 时间=7ms TTL=53
来自 110.242.68.4 的回复: 字节=32 时间=7ms TTL=53
来自 110.242.68.4 的回复: 字节=32 时间=7ms TTL=53
来自 110.242.68.4 的回复: 字节=32 时间=7ms TTL=53

110.242.68.4 的 Ping 统计信息:
    数据包: 已发送 = 4,已接收 = 4,丢失 = 0 (0% 丢失),
往返行程的估计时间(以毫秒为单位):
    最短 = 7ms,最长 = 7ms,平均 = 7ms
```

图 1.27 输入"ping www.baidu.com"

任务 1.2　家庭无线 WiFi 上网

　　互联网的发明是人类科技史上的一次重要的进步,随着互联网相关技术的不断发展,它给人类的生产、生活提供了很大的便利,人们对互联网的依赖性也与日俱增。在这样的背景下,网络技术的发展极大地便利了我们的生活,而 WiFi 技术的出现更是打破了传统的网络传输方式,提高了数据传输的效率与安全性。现在的智能手机、平板电脑、笔记本电脑等智能上网终端越来越普及,进一步提高了人们对 WiFi 技术的服务要求。

 知识目标

　　(1) 了解路由器的作用;
　　(2) 了解无线网卡的作用;
　　(3) 熟练使用网络诊断工具,及时排除网络故障。

 技能目标

　　(1) 掌握 WiFi 设置的方法;
　　(2) 掌握笔记本电脑、手机无线上网的硬件连接与软件设置;
　　(3) 掌握网络信号测试的方法。

 情感目标

　　(1) 遇到问题,有通过多种途径解决问题的意识;
　　(2) 具备丰富知识,能处理各种问题。

 问题提出

　　随着笔记本电脑、智能手机、平板电脑等便携式电子设备的日益普及和发展,有线连接已不能满足工作和生活需求。那么什么样的技术可以满足日常生活中多端上网的功能需求呢?

 任务梳理

　　无线局域网不需要布置网线就可以将几台设备连接在一起。无线局域网以其高速的传输能力、方便及灵活性,得到了广泛认可。组建无线局域网的步骤如表 1.2 所示。

表 1.2　组建无线局域网的步骤

硬件准备	无线路由器、无线网卡、笔记本电脑、苹果手机 1 部、安卓手机 1 部
硬件设备搭建	无线局域网硬件设备环境搭建

续表1.2

光纤入户	PPPoE拨号上网方式（使用宽带账号、密码进行拨号上网）	
连接上网	电脑联网	
	安卓手机联网	
	苹果手机联网	
网络测试	电脑测网速	
	手机测网速	

一、无线局域网硬件设备环境搭建

在组建无线局域网之前,要将硬件设备搭建好。首先通过网线将电脑与无线路由器相连接,将网线一端接入电脑主机后的网孔内,另一端接入路由器的任意一个LAN口内。然后通过网线将光猫与路由器连接,即将网线一端连入光猫的LAN口,另一端接入路由器的WAN口内。最后将路由器自带的电源插头连接电源即可,如图1.28所示。

入户
光纤

光猫

WAN LAN

电脑

网线

图1.28 无线局域网硬件设备环境搭建

知识点 无线局域网覆盖范围广,应用比较广泛,在组建中最重要的设备就是无线路由器和无线网卡。

路由器是用于连接多个逻辑上分开的网络的设备,简单来说,就是用来连接多个电脑实现共同上网,且将其连接为一个局域网的设备。而无线路由器是指带有多个无线覆盖功能的路由器,主要用于无线上网,也可以将网络信号转发给周围的无线设备使用,如笔记本电脑、手机、平板电脑等。

无线网卡:无线网卡的作用、功能和台式电脑网卡一样,就是不通过有线连接,采用无线信号连接到局域网上的信号收发装备。而在无线局域网搭建时,采用无线网卡就是为了保证台式电脑可以接收无线路由器发送的无线信号,如果电脑自带无线网卡(如笔记本电脑),则不需要再添置无线网卡。如果台式电脑需要接入无线网,可以安装无线网卡,然后将光盘中的驱动程序安装好即可。

目前,对于无线网卡,较为常见的接口有 PCI 和 USB 两种,如图 1.29、图 1.30 所示。

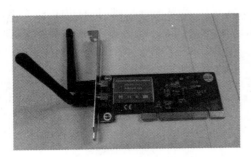

图 1.29　PCI 接口无线网卡

图 1.30　USB 接口无线网卡

PCI 接口无线网卡主要适用于台式电脑,将该网卡插入主板上的网卡槽内即可。PCI 接口的无线网卡信号接收和传输范围广、传输速度快、使用寿命长、稳定性好。

USB 接口无线网卡适用于台式电脑和笔记本电脑,即插即用、使用方便、价格便宜。

在选择上,如果考虑到便捷性,可以选择 USB 接口无线网卡;如果考虑到使用效果和稳定性、使用寿命等,建议选择 PCI 接口无线网卡。

二、路由器设置

路由器设置主要指在电脑或便携设备端,为路由器配置上网账号,设置无线网络名称、密码等信息。路由器设置根据上网线路的不同,其设置步骤也有所区别。

路由器线路的选择多样,如表 1.3 所示。

表 1.3　路由器线路

路由器设置	电话线入户	
	光纤入户	PPPoE 拨号上网方式(使用宽带账号、密码进行拨号上网)
		动态 IP 上网方式(无需任何设置,连接宽带线即可上网)
		静态 IP 上网方式(需要在电脑上手动设置 IP 地址等参数)
	网线入户	PPPoE 拨号上网方式(使用宽带账号、密码进行拨号上网)
		动态 IP 上网方式(无需任何设置,连接宽带线即可上网)
		静态 IP 上网方式(需要在电脑上手动设置 IP 地址等参数)

本节主要对光纤入户 PPPoE 拨号上网方式进行讲解。

下面以台式电脑为例,使用的是 TP-LINK 品牌的路由器,型号为 TL-WR882N v1～v2 版本,在 Windows 10 操作系统、Microsoft Edge 浏览器的软件环境下操作演示,具体步骤如下:

1. 线路连接

如图 1.31 所示,由光猫出来的网线,连接到路由器的 WAN 口,再使用网线将电脑连接到路由器任意一个 LAN 口。如果没有足够的网线,可以通过无线方式连接到路由器。

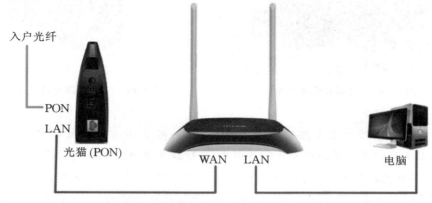

图 1.31   光纤入户线路连接

思考   连接网线后对应指示灯不亮,怎么办?

2. 登录界面

打开浏览器,清空地址栏并输入"tplogin.cn",按回车键(图 1.32)。初次登录界面需要设置管理员密码(图 1.33),后续登录时,需要填写该密码。

图 1.32   输入"tplogin.cn"

温馨提示(1)不同路由器的配置地址不同,可以在路由器的背面或说明书中找到对应的匹配地址、用户名和密码。对于部分路由器,输入配置地址后,弹出对话框,要求输入用户名和密码,这两项可在路由器的背面或说明书中找到,输入即可。

另外,用户名和密码可以在路由器设置界面的【系统工具】→【修改登录口令】中设

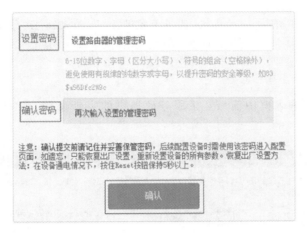

图 1.33　设置管理员密码

置。如果遗忘用户名和密码,可以在路由器开启的状态下,长按【Reset】键恢复出厂设置,登录用户名和密码恢复为出厂状态。

(2)为了您的上网安全,请设置您的管理员密码。

3. 开始设置向导

进入管理界面后,点击【下一步】,开始设置向导(图 1.34)。

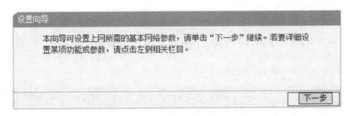

图 1.34　设置向导

4. 选择上网方式

在【上网方式】中选择【PPPoE(ADSL 虚拟拨号)】(图 1.35)。

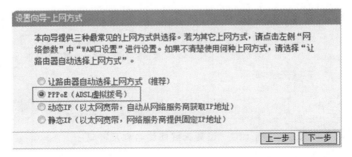

图 1.35　选择【PPPoE(ADSL 虚拟拨号)】

知识点 PPPoE 是一种协议,适用于拨号上网;而动态 IP 每连接一次网络,就会自动分配一个 IP 地址;静态 IP 地址是运营商给的固定的 IP 地址。

5. 填写账号和密码

在"上网账号"输入框中输入宽带服务商提供的宽带账号,在"上网口令"输入框中输入宽带密码(图 1.36)。

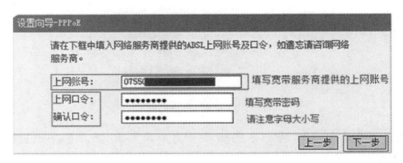

图 1.36　输入上网账号及密码

温馨提示 如果您忘记宽带账号、密码,请咨询运营商。输入宽带账号、密码时,应注意区分字母大小写。

6. 无线设置

在"SSID"输入框中设置无线网络名称,在"PSK 密码"输入框中设置不少于 8 位的无线密码(图 1.37)。

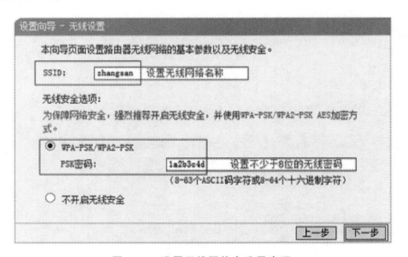

图 1.37　设置无线网络名称及密码

温馨提示

（1）用户也可以在路由器管理界面，单击【无线设置】选项进行设置。

（2）SSID：是无线网络的名称，用户通过 SSID 号识别网络并登录。

（3）WPA-PSK/WPA2-PSK：基于共享密钥的 WPA 模式，是使用安全级别较高的加密模式。在设置无线网络密码时，建议优先选择该模式。

（4）建议勿将 SSID 设置为中文或特殊字符。

（5）PSK 密码设置为 8 位以上，请区分字母大小写。

（6）为了上网安全，管理员密码和 WiFi 登录密码尽量不要相同。

7. 确认上网

点击【重启】，路由器设置成功（图1.38）。重启完成后，电脑仅需要连接路由器 LAN 口或无线网络，无须任何设置即可上网。

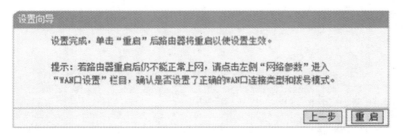

图 1.38　设置完成后重启

思考　设置完成后，电脑无法上网，怎么办？

拓展　路由器的设置不仅可以通过电脑端进行，还可以通过手机端进行，同学们可以自己动手试一试。

三、连接上网

1. 电脑联网

无线网络开启并设置成功后，其他电脑搜索设置的无线网络名称，然后输入密码，连接该网络即可，具体操作步骤如下：

（1）首先启用无线网络连接，单击【打开网络和共享中心】→【更改适配器设置】（图1.39、图1.40）。

（2）双击【无线网络连接】或者单击鼠标右键【无线网络连接】→【启用】（图1.41至图1.43）。

图 1.39 单击【打开网络和共享中心】

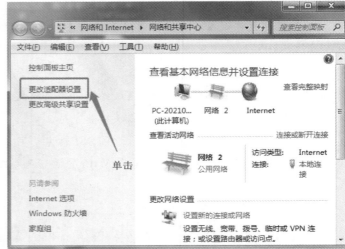

图 1.40 单击【更改适配器设置】

图 1.41 双击【无线网络连接】

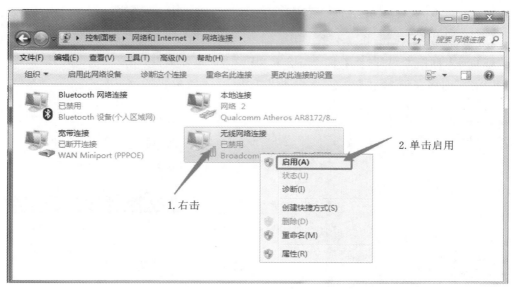

图 1.42　启用无线网络连接

图 1.43　无线网络已打开

（3）单击电脑任务栏中的无线网络图标（图 1.44）。

图 1.44　单击无线网络图标

（4）在弹出的对话框中会显示无线网络列表，勾选【自动连接】复选框，以方便网络连接，然后单击【连接】按钮（图1.45）。

（5）输入网络密码，网络名称下方会弹出【键入网络安全密钥】对话框，输入路由器中设置的无线网络密码，单击【确定】按钮即可，如图1.46所示。

图 1.45　单击【连接】

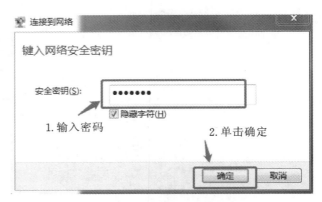

图 1.46　输入无线网络密码

（6）无线网络列表中显示"已连接"字样，则说明安全密钥验证成功。连接成功后即可连接网络，如图1.47所示。

图 1.47　成功连接无线网

🎯 思考／如果笔记本电脑不能成功连接 WiFi 网络，那么存在的问题可能有哪些？

2. 安卓手机连接 WiFi 上网

我们在生活和工作当中是离不开手机的,而使用手机的时候是离不开网络的,安卓手机是怎样连接 WiFi 的呢？下面来学习一下吧。

(1) 首先打开手机,然后在手机中找到【设置】按钮,然后点击该选项,进入下一个菜单选项,如图 1.48 所示。

(2) 进入【设置】选项栏后单击【WLAN】选项,进入下一栏后打开 WLAN 开关,具体方法如图 1.49 所示。

图 1.48　点击【设置】按钮　　　　　　　　　　　图 1.49　打开 WLAN 开关

(3) 最后手机会自动搜索可以连接的 WiFi,对于加密的 WiFi 需要输入正确的密码方可连接;对于无须输入密码的 WiFi,选中即可自动连接。

① 加密 WiFi 的连接

如图 1.50 所示,WiFi 名称下写有“加密”字样的或者 WiFi 信号上加有一把锁图样的,这样的都是加密 WiFi。遇到这种加密的 WiFi,优先选择信号 📶 满格的,这样的 WiFi 信号强、上网速度快。

以图 1.50 中"ZXZH"这个 WiFi 为例进行连接。点击"ZXZH"后进入下一菜单栏,在文本框输入正确的密码,此密码是用户通过路由器设置的密码,然后点击"连接",即可连接成功,如图 1.51 所示。

图 1.50 WiFi 信号   图 1.51 输入密码并连接

② 无需密码的 WiFi 的连接

WiFi 名称下写着开放字样或者 WiFi 信号上无加锁图样,这样的都属于开放 WiFi,无需密码直接点击即可连接无线 WiFi。以"xlkj"为例进行连接,点击进入"xlkj",即可连接成功,如图 1.52 所示。

3. 苹果系统手机连接上网

(1)和安卓手机一样,首先找到【设置】按钮,然后点击该选项,进入下一个菜单选项,如图 1.53 所示。

(2)进入【设置】选项栏后点击无线局域网,进入下一栏后打开无线局域网开关,具体方法如图 1.54 所示。

(3)打开无线局域网后,会出现 WiFi 信号,有加锁图样的 WiFi 属于加密后的 WiFi,需要输入密码方可连接(即用户通过路由器设置的密码)。无加锁图样的 WiFi 属于开放式 WiFi,直接点击即可连接。具体如图 1.55 所示。

① 加密 WiFi 连接方法:以图 1.55 中"ZXZH"这个 WiFi 为例进行连接,点击

"ZXZH"进入下一菜单栏,输入正确的 WiFi 密码后,点击"加入",即可连接成功。

图 1.52　无需密码的 WiFi 的连接

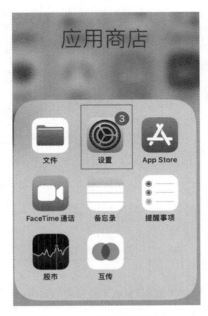

图 1.53　点击【设置】按钮

图 1.54　打开无线局域网开关

（a）　　　　　　　　　　（b）　　　　　　　　　　（c）

图 1.55　苹果 ios 系统手机加密 WiFi 连接方法

② 不加密的 WiFi 连接方法

以"xlkj"为例进行连接，点击"xlkj"，即可连接成功，如图 1.56 所示。

图 1.56   苹果 ios 系统手机连接不加密的 WiFi

温馨提示 提醒大家尽量不要连接公共的开放 WiFi，因为可能存在一些关于网络安全的风险。

思考 公共 WiFi 存在哪些风险呢？如何安全使用公共 WiFi？

四、网速测试

如何测试网速？如何测试上传(上行)及下载带宽？

1. 电脑测网速的方法

(1) 首先打开百度浏览器，利用百度搜索"测速网"，如图 1.57 所示，点击进入"测

速网"。

图 1.57　百度搜索测速网

（2）进入测速网后，如图 1.58 所示，点击【测速】按钮，等待片刻。

（a）

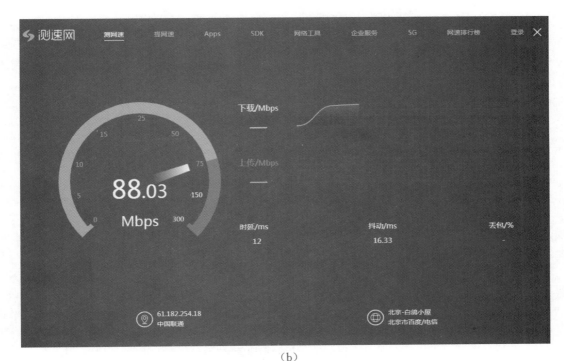

(b)

图 1.58　点击【测速】按钮并等待测速

（3）测试完成后，网速测试结果如图 1.59 所示。

图 1.59　测试结果

2. 手机测网速的方法

(1) 打开微信,在搜索栏搜索"网速管家"小程序并点击进入,如图 1.60 所示。

图 1.60　搜索"网速管家"

(2) 点击进入小程序,如图 1.61 所示。

图 1.61　进入"网速管家"小程序

（3）点击【测速】按钮，并获得测试结果，如图 1.62 所示。

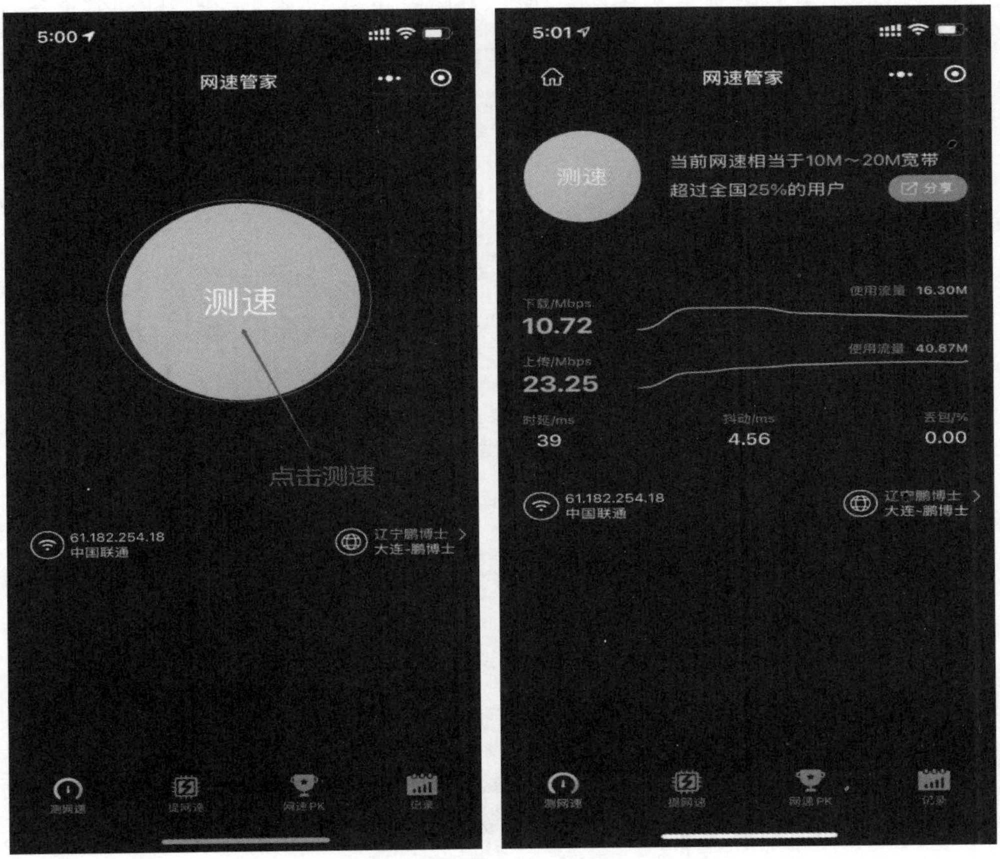

图 1.62　点击【测速】按钮并获得测试结果

温馨提示（1）一般情况下，测试结果可能受当前硬件设备性能、网络环境、线路等因素的影响。因此，网速测试结果往往比实际网速略低，建议多次测试网速后取平均值。

（2）测试环境建议采用有线网络测试，无线网络测试最好靠近无线路由器，否则会因为无线信号强弱，导致结果存在误差。

任务 1.3　联网设备安全管理

网络安全是指网络系统的硬件、软件及其系统中的数据受到保护，不因客观或主观原因而遭受破坏、更改、泄露，系统连续、可靠、正常地运行，网络服务不中断。

　　网络安全和信息化是事关国家安全和国家发展、广大人民群众工作和生活的重大战略问题。当今世界,信息技术革命日新月异,对国际政治、经济、文化、社会、军事等领域产生了深刻影响。信息化和经济全球化相互促进,互联网已经融入社会生活方方面面,深刻改变了人们的生产和生活方式,家庭、个人都离不开网络,因此家庭局域网同样需要安全管理。

 知识目标

（1）掌握路由器设置方法；
（2）熟悉局域网的维护及网络安全。

 技能目标

熟悉网络设备的性能、连接与配置。

 情感目标

（1）具备较强的动手能力和学习能力,善于分析、思考问题；
（2）具有较强的网络安全意识；
（3）具有正确认识和合理安排时间的意识。

 问题提出

　　我们可以使用无线 WiFi 实现多终端上网,千家万户都能享受互联网带来的便捷,上网成为人们平时生活中不可或缺的内容。那么如何安全管理联网设备呢？

 任务梳理

　　关于家庭无线局域网的安全措施,首先,可对无线网络进行安全设置（即 WiFi 密码的设置）,其次,可以通过设定上网时间段来保证网络安全,任务梳理详见表 1.4。

表 1.4　任务梳理

硬件准备	台式计算机一台、无线上网设备、无线路由器、网线
连接上网	
联网设备安全管理	重置无线路由器
	无线路由器密码修改
	上网时长修改
	IP 带宽控制功能分配带宽

 **实现步骤**

一、路由器重置（恢复出厂设置）的操作方法

复位（RESET）操作也叫恢复出厂设置、还原、初始化等，可以让路由器恢复出厂默认设置。一般情况下，在忘记管理地址、管理密码，重新配置或运行故障等情况下，可以将设备复位。操作之前应了解以下信息：

（1）复位后，路由器之前的所有配置均会丢失，需要重新设置路由器。

（2）复位后，登录地址和管理密码均恢复为默认，详细信息可以在路由器壳体标贴上查看。

（3）路由器的复位需要在通电情况下操作。

（4）如果不方便通过硬件方式（按复位键）操作，可以登录管理界面进行软件复位。若无法登录管理界面时，只能采取硬件方式复位。

复位后，之前的配置会丢失，请谨慎操作。

可以通过硬件或软件的方式复位，操作方法如下：

① 方法一：通过路由器壳体上的复位键进行硬件复位

路由器复位键有两种类型：RESET 按钮和 RESET 小孔，如图 1.63 所示。

RESET按钮　　　　　　　　　　RESET小孔

图 1.63　路由器复位键

塑壳（家用）：通电状态下，按住 RESET 键 5～8 s 至系统状态指示灯快闪 3 次后，再松开 RESET 键。（RESET 小孔要使用回形针、笔尖等尖状物压住）

温馨提示：部分无线路由器复位方法为按住 RESET 键 3 s 以上，指示灯全亮时松开 RESET 键。

部分无线路由器的快速安全设置（QSS）按钮与 RESET 键共用一个按钮。

② 方法二：在管理界面进行软件复位

登录到路由器管理界面，在【系统工具】→【恢复出厂设置】中点击"恢复出厂设置"，如图 1.64 所示。

温馨提示：如果您无法登录路由器管理界面，则只能采用硬件复位。

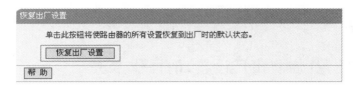

图 1.64　软件复位

二、路由器密码修改

1. 打开浏览器,清空地址栏并输入"tplogin.cn",按回车键(图 1.32)。初次登录界面需要设置管理员密码。后续登录时,需要填写该密码。

2. 登录路由器界面,请点击【无线设置】→【无线安全设置】,找到 WPA-PSK/WPA2-PSK,修改【PSK 密码】中的密码(设置为不少于 8 位的密码),并点击【保存】,如图 1.65所示。

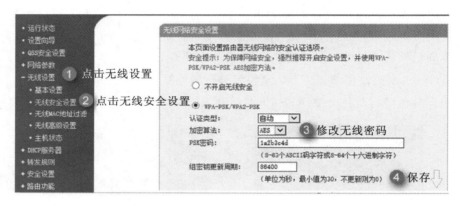

图 1.65　修改无线密码

建议修改无线密码的同时,将无线信号名称也一起修改,修改方法如图 1.66 所示。

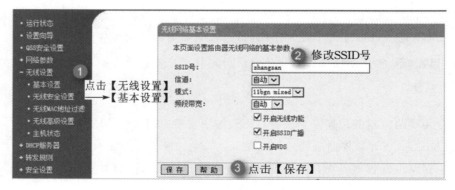

图 1.66　修改无线信号名称

思考　路由器管理员密码和 WiFi 密码可以是一样的吗？如果可以，设置成一样的与不一样的各有什么优缺点？哪种情况对网络安全更有威胁？

3. 路由器分为两个密码，一个是登录密码，一个是 WiFi 密码，下面介绍一下更改路由器密码的方法。

（1）将路由器和电脑连接，打开浏览器，在地址栏输入"tplogin.cn"按回车键（图 1.32）。进入界面后，输入用户名、密码（初始用户名和密码一般都是"admin"）。

（2）点击【系统工具】→【修改登录口令】，如图 1.67 所示。

图 1.67　点击【系统工具】→【修改登录口令】

在新的页面中（图 1.68），填入要更改的用户名和用户密码（前提是你知道正确的原始用户名和原始用户密码）。修改完毕后，点击【保存】即可。

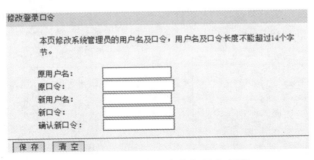

图 1.68　更改的用户名和用户密码

温馨提示

（1）双频无线路由器请分别点击【无线设置】→2.4 GHz（或【无线设置】→5 GHz）→【无线安全设置】。

（2）若要取消无线密码,请选择【不开启无线安全】,并点击【保存】。

（3）部分路由器需要重启路由器后设置才能生效,请根据页面提示操作。

知识点 2.4 GHz 与 5 GHz 的区别：

（1）性质差异

2.4 GHz 频段具有良好的穿墙性能,但带宽相对来讲较窄,多个外设接入时容易掉线。5.0 GHz 是一个高频信道频段,具有较大的带宽和良好的稳定性,多个外设接入时不容易掉线,但是其穿墙能力相对于 2.4 GHz 来讲较弱。

（2）功能差异

现阶段的电子产品多应用 2.4 GHz 频段,一般的手机、无线网卡基本上都支持 2.4 GHz。由于使用 2.4 GHz 频段的设备多,所以易产生干扰。而 5 GHz 的 WiFi 频段,当前环境下使用设备少,干扰也相对较少。

（3）设备差异

双频无线路由器同时在 2.4 GHz 和 5 GHz 模式下工作,单频无线路由器的使用模式只能是 2.4 GHz 模式。

三、上网时长修改

某位家长希望小孩在学习时间和周末只能访问学习网站,但自己的电脑并不受控制。家长需求如表 1.5 所示。

表 1.5　家长需求

家庭电脑	时间段	网络权限（允许）
小孩电脑	学习时间 （19:30—21:00）	新标准英语网：www.nse.cn 一点通视频教学网：www.1ydt.com 中基教育网：www.cbe21.com 新浪网：www.sina.com.cn
	周末时间 （9:00—20:00）	新标准英语网：www.nse.cn 一点通视频教学网：www.1ydt.com 国际教育网：www.gjjy.com 新浪网：www.sina.com.cn 腾讯儿童网：kid.qq.com
家长电脑	任何时间段	所有网络权限

1. 设置日程计划

（1）登录路由器管理界面,在【上网控制】→【日程计划】中,点击【增加单个条目】,如

图 1.69 所示。

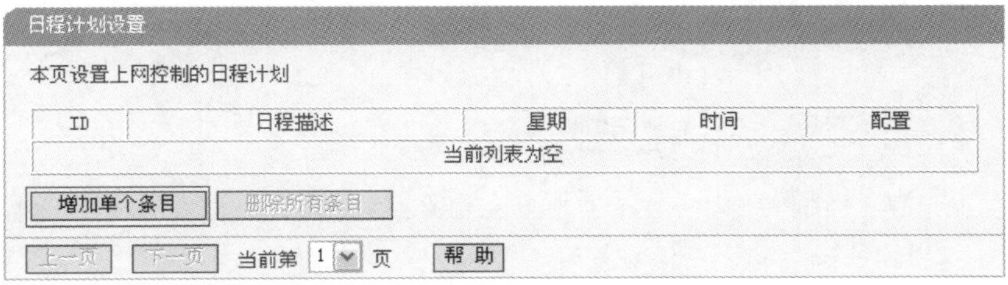

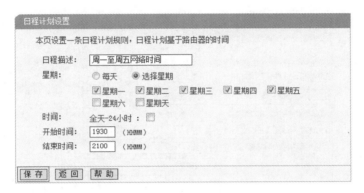

图 1.69 点击【增加单个条目】

（2）添加周一至周五允许上网的时间段（即 19：30—21：00）后，点击【保存】，如图 1.70 所示。

图 1.70 添加周一至周五允许上网的时间段

（3）按照同样方法，添加周末允许上网的时间段，设置完成后如图 1.71 所示：

ID	日程描述	星期	时间	配置
1	周一至周五网络时间	周一 周二 周三 周四 周五	19:30 — 21:00	编辑 删除
2	周末网络时间	周六 周日	09:00 — 20:00	编辑 删除

图 1.71 添加周末允许上网的时间段

温馨提示 日程描述、时间计划、访问目标等均可自定义设置，上述参数仅供参考。

2. 添加家长控制规则

（1）点击【家长控制】→【增加单个条目】。按照图 1.72 所示进行设置。

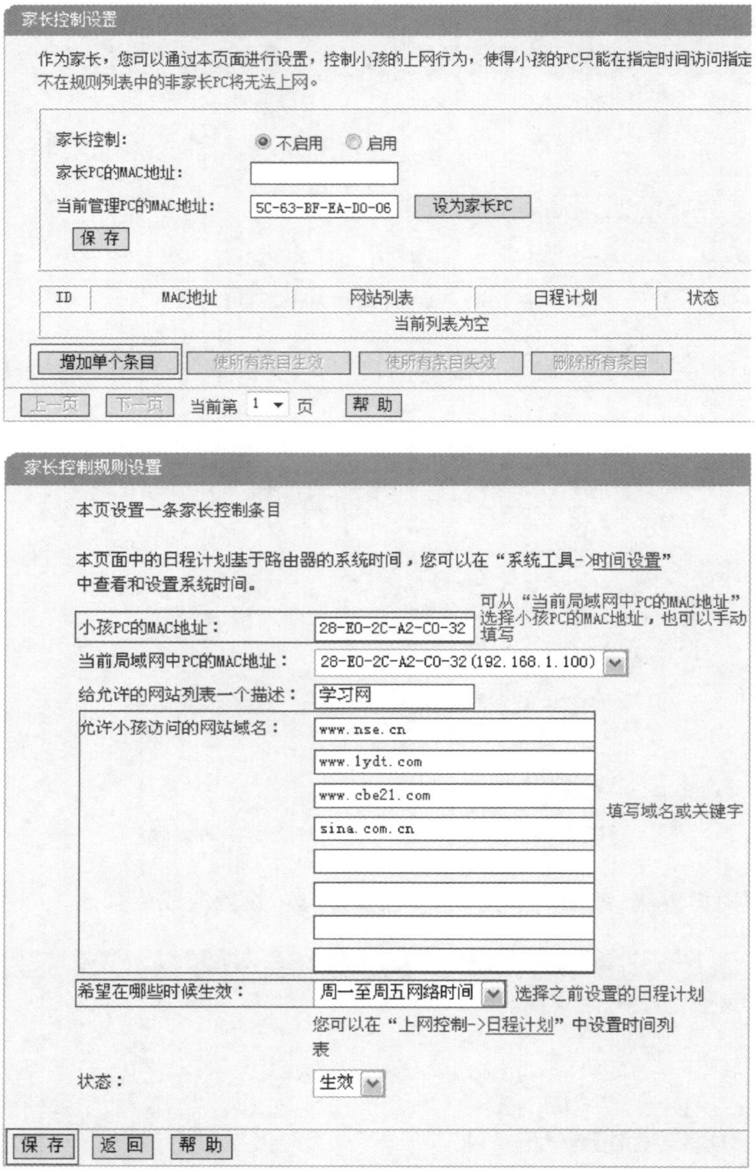

图 1.72　添加家长控制规则

温馨提示　关键字指域名中的任何字符,比如 www.nse.cn 中的"www""nse""cn" "s""."等。如果网站域名中添加关键字,表示小孩电脑可以访问带有该关键字的所有网址。

(2) 按照同样方式,添加完所有规则后,显示如图 1.73 所示。

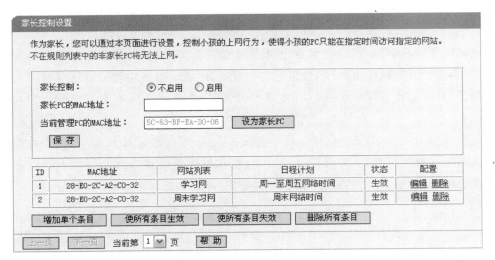

图 1.73　完成家长控制设置

3. 启用家长控制

选择【启用】家长控制，如果当前管理电脑为家长的电脑，点击【设为家长 PC】；如果不是，请手动填写家长电脑的 MAC 地址，点击【保存】，如图 1.74 所示。

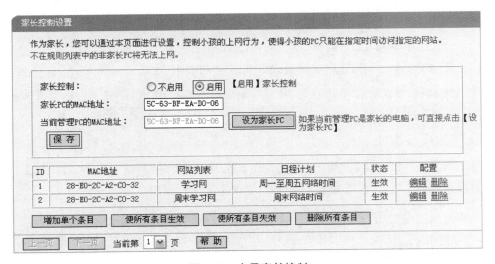

图 1.74　启用家长控制

至此，家长控制功能设置完成。家长可以访问任何网站，小孩只能在设置的时间段访问对应的网站。

思考 如果忘记将当前管理 PC 的 MAC 地址设为家长 PC 的 MAC 地址，家长电脑能否随意上网？

四、IP 带宽控制功能分配带宽

网络带宽资源有限,但是经常会出现少部分主机高速下载、视频等应用占用大部分带宽,而导致"上网慢、网络卡"等现象经常出现。IP 带宽控制功能可实现对带宽资源的合理分配,有效防止少部分主机占用大多数的资源,为整个网络带宽资源的合理利用提供保证。

用户线路为 4M ADSL 线路(上行带宽 512 kbps,下行带宽 4096 kbps)。现在需要保证在内网台式机上玩游戏、看视频无卡顿,且在其他终端设备(比如手机)上可以正常浏览网页、使用 QQ 聊天。结合用户需求与总带宽,带宽分配规则如表 1.6 所示。

表 1.6　带宽分配规则　　　　　　　　　　　　　　　(单位:kbps)

主机	需求	上行带宽		下行带宽	
		保证最小	限制最大	保证最小	限制最大
台式机	游戏、视频	300	500	1500	3000
其他终端设备	浏览网页、QQ 聊天	200	500	2500	3500

表 1.6 仅供参考,分配值以实际为准。分配原则:保证最小带宽总和不超过总带宽。

1. 指定电脑 IP

(1) 台式机手动指定 IP 地址(本例为 192.168.1.10);

(2) 其他的电脑、手机等终端设备设置为自动获取 IP 地址。

温馨提示 台式机在手动指定 IP 地址时,必须指定 IP 地址、网关、DNS 等参数。

2. 设置线路参数

(1) 在管理界面点击【开启 IP 带宽控制】,选择宽带线路类型为【ADSL 线路】。上行总带宽填写"512",下行总带宽填写"4096",点击【保存】,如图 1.75 所示。

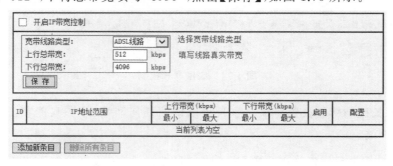

图 1.75　设置总带宽

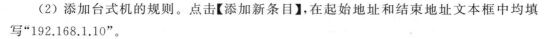

（2）添加台式机的规则。点击【添加新条目】，在起始地址和结束地址文本框中均填写"192.168.1.10"。

设置上行带宽最小带宽为"300"，最大带宽为"500"；设置下行带宽最小带宽为"1500"，最大带宽为"3000"，设置完成后点击【保存】，如图1.76所示。

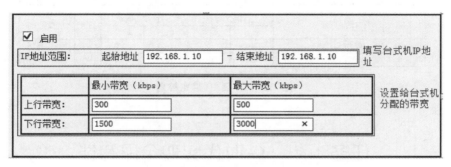

图1.76　设置台式机带宽

（3）设置其他终端设备规则。点击【添加新条目】，在起始地址和结束地址文本框中分别填写"192.168.1.100"和"192.168.1.199"。

设置上行带宽最小带宽为"200"，最大带宽为"500"；设置下行带宽最小带宽为"2500"，最大带宽为"3500"，设置完成后点击【保存】，如图1.77所示。

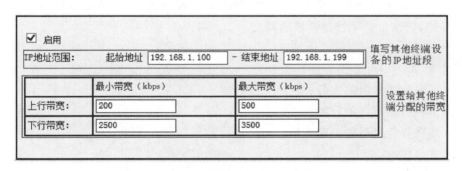

图1.77　设置其他终端设备带宽

温馨提示，默认的DHCP地址池为192.168.1.100～192.168.1.199，其他终端设备均会从该地址池中获得IP地址。

（4）开启IP带宽控制

勾选【开启IP带宽控制】，点击【保存】，如图1.78所示。

至此IP带宽控制设置完成。台式机可以实现下行最小1500 kbps的带宽，其他终端设备共享最小2500 kbps的总带宽，各类终端设备可以实现对应的带宽需求。

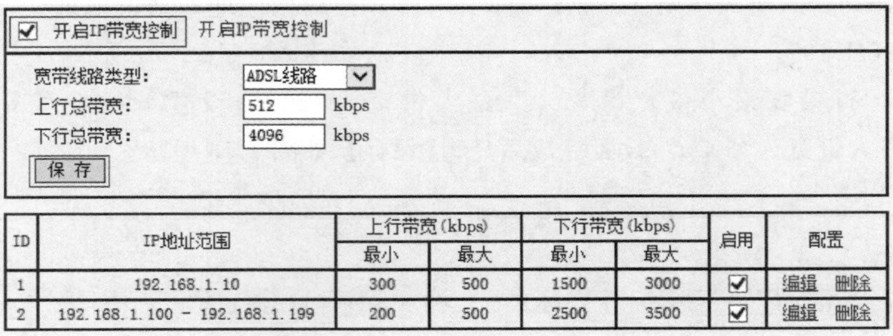

图 1.78　开启 IP 带宽控制

任务 1.4　5G 时代实现全屋智能

随着科学技术的不断发展,局域网也逐渐向无线化、多网合一的方向发展,在多网合一的快速发展过程中,带动了多种无线技术的广泛应用,WiFi 便是其中一种。

当前,智能家居产业也正如火如荼地进行,可以预见,未来智能家居的发展将不再局限于家电设备、灯光等的遥控控制,嵌入式智能终端、无线 WiFi 技术,以及 Internet 的广泛应用必将使家居控制变得更加自动化、智能化和人性化,必将改变传统智能家居的模式,把智能家居推上一个快速发展的舞台。

知识目标

(1) 了解智能家居的优势;
(2) 了解智能家居的应用;
(3) 掌握智能家居的组建方法。

技能目标

(1) 掌握智能家居的连接方式;
(2) 掌握智能家居与网络安全问题的预防方法。

情感目标

(1) 具有发现问题、解决问题的思维意识;
(2) 具有网络安全意识并兼有宣传科普意识。

问题提出

随着 5G 时代的到来,人们的生活习惯也发生了翻天覆地的变化。小杨家也紧跟时代的步伐,准备布置全屋智能。那么该如何实现智能互联呢?

 任务梳理

智能互联任务梳理如表 1.7 所示。

表 1.7　智能互联任务梳理

硬件准备	手机/iPad、智能音箱、智能空调、投屏设备、智能扫地机器人、无线路由器、智能家居中控
网络配置	保证家庭网络畅通、无线网络成功配置
智能家居连接方式	智能家居通过手机/iPad 等连接无线网络,实现移动端控制
智能音箱连接网络	手机操控智能音箱连接网络
智能家居与网络安全	智能家居带来的网络安全问题及预防

 实现步骤

一、智能家居的连接方式

要想实现智能家居的"智能",首先要将所有的智能设备添加到家庭网络中。智能家居的连接方法如下:

1. 首先保证家庭无线网络的设置成功(详见"任务 1.2　家庭无线 WiFi 上网");

2. 将手机/iPad 等终端添加至无线网络后,下载安装相应的智能家居中控 APP,并将其进行网络连接;

3. 通过手机端智能家居中控 APP 添加智能设备,并对智能设备进行网络连接。

实现网络连接后,即可实现手机对智能设备的操控(图 1.79)。

智能设备随着科技的发展目前正处于一个百花齐放的场面。接下来我们以 AI 智能音箱为例,来介绍智能设备如何使用。AI 智能音箱配置起来是比较麻烦的。市面上售有各式各样的 AI 智能音箱,下面以小米 AI 音箱为例,来教大家如何进行连接。

二、智能音箱连接网络

1. 下载 APP。首先,需要下载"小米 AI"APP,打开 APP,点击【登录】(图 1.80),进入下一界面。

2. 登录 APP。你可以选择用手机号码接收验证码的形式来登录 APP,也可以使用原本的小米账号和密码来登录,如图 1.81 所示。

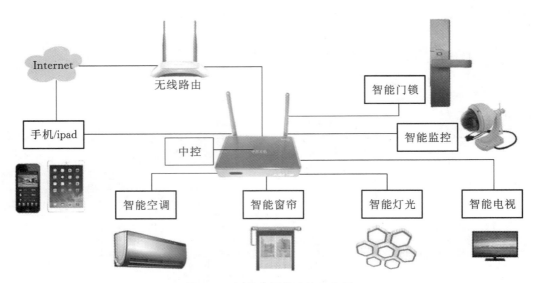

图 1.79　智能家居的连接示意图

图 1.80　点击【登录】

图 1.81　"小米 AI"APP

　　3. 配置音箱。将小米 AI 音箱连上电源，这时音箱顶部的环形带灯为橙色(图 1.82)。点开刚才的配置页面来搜索小米 AI 音箱。

图 1.82 小米 AI 音箱

4. 如果之前的操作没有问题,此时手机上会显示小米 AI 音箱的型号。点击【继续】(图 1.83)。如果一直显示找不到音箱,可以长按音箱顶部的【CN】键来重置小米 AI 音箱(图 1.84)。

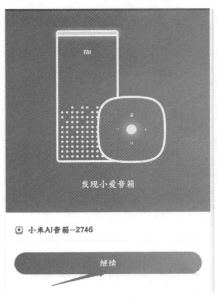

图 1.83 点击【继续】

图 1.84 【CN】键

5. 设置 WiFi 密码。下一步就是选择家庭无线 WiFi,然后输入 WiFi 密码,再勾选【记住密码】,否则下次又要重新配置。输入完毕后点击【继续】,如图 1.85 所示。

图 1.85 设置音箱 WiFi

6. 这时手机显示音箱正在配置中,等待 1~2 min 后就会完成设置。再点击【继续】就可以使用了(图 1.86)。

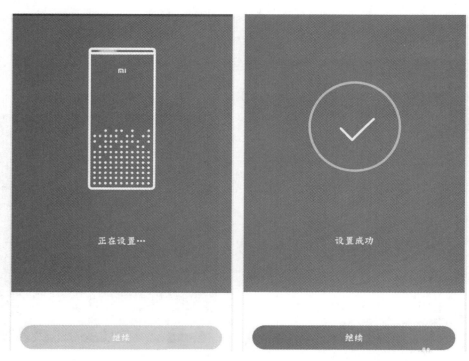

图 1.86 完成设置

温馨提示 其他智能设备连接方式大同小异,根据设备说明书操作即可。

思考 智能家居是万无一失的吗?

三、智能家居与网络安全

1. 危害

随着 5G 时代的到来,智能家居行业也得到了快速发展。智能家居给我们带来便利的同时,随之而来的安全问题也是不容小觑的。智能家居带来的安全问题主要有以下几点:

(1)位置跟踪

用户往往会通过智能手机或者笔记本电脑对智能家居进行远程控制,如果不小心点击了恶意链接,不仅家庭位置信息泄露,还可能被别有用心的人定位跟踪,带来财产损失。

(2)隐私泄露

一旦智能设备公司的数据库被盗,会造成大量数据泄露,给用户个人隐私造成极大的威胁。甚至个人信息会被他人盗用,影响信用情况。

(3)黑客攻击

黑客会通过智能家居设备的安全漏洞,登录并访问你的智能设备,篡改设备密码及原有设置,盗取数据和财产,把你的生活搅得一团糟。

2. 预防

我们该怎样去预防黑客的入侵与骚扰呢?下面给出了一些小技巧,帮助大家防止普通黑客的入侵骚扰:

(1)为无线路由设置 WPA2 密码。

(2)条件允许的情况下,建立两个无线网络。

(3)使用加密密码并关闭无线路由的"访客模式"。

(4)打开防火墙或者设置局域网。

(5)定期检查家中的所有物联网设备。

(6)保持固件升级,随时检查硬件设备功能。

(7)尽可能避免与智能设备共享个人信息,尤其是银行账户信息。

习　题　一

1. 家庭无线网络存在哪些风险,你知道吗?

2. 常用的加密有哪些?

家庭网络设置案例总结

通过本章学习,掌握了如何组建家庭局域网,解决了固定办公、网络接入点的问题,并且达到了移动办公、智能设备互联的效果。同时,掌握了宽带网的连接、ping 命令;掌握了家庭版路由器的设置、家庭无线 WiFi 的设置、电脑无线 WiFi 的连接、手机端 WiFi 的连接;了解了手机端、电脑端测速的方法;学会了配置智能家居,以及如何预防个人信息泄露。

知 识 拓 展

一、路由器的挑选

路由器作为整个局域网的 Internet 出口,决定着整个网络性能、应用和网络安全,在选择路由器时应该从以下几方面去考虑:

1. 使用场合

目前有企业路由器、网吧路由器、家用路由器等,请根据使用场合选择适合的类型。

2. 无线功能

路由器是否支持无线功能,请根据接入的终端类型(台式机、笔记本电脑、手机等)选择适合的路由器。

3. 带机量

不同路由器的带机量不同。组网时要根据需要接入网络的终端数量来选择合适的型号,在降低成本的同时保障网络能够正常、高效地运行。

4. WAN 口数目及速率

不同型号路由器支持的 WAN 口数目及速率不一样,WAN 口数目有 1～4 个不等,WAN 口速率也不尽相同。请根据实际环境接入的宽带线路情况选择合适的型号。

5. 认证功能

PPPoE 服务器、Web 认证、微信认证等认证方式在不同型号路由器上支持情况不一样,需要根据网络接入认证需求选择对应的路由器。

6. 其他应用功能

支持的 VPN 类型,如 IPSec VPN,PPTP VPN,L2TP VPN。支持的上网行为管理

方式,如应用限制、网址过滤等。

7. 扩展性

任何网络并非一成不变的,您当前选购的网络设备需要考虑中短期内网络规模、应用的扩展需要,结合后续规划的需求来选择合适的设备。

二、中继器

如图 1.87 所示,中继器(repeater,RP)是工作在物理层上的连接设备,适用于完全相同的两个网络的互联,主要功能是通过对数据信号的重新发送或者转发,来扩大网络传输的距离。中继器是对信号进行再生和还原的网络设备,即 OSI 模型的物理层设备。

中继器是局域网环境下用来延长网络距离的,但是它属于网络互联设备,操作在 OSI 模型的物理层,中继器对在线路上的信号具有放大再生的功能,用于扩展局域网网段的长度(仅用于连接相同的局域网网段)。

图 1.87   中继器

三、无线路由器常用的 3 个密码及其重要性

密码是我们保护私密信息所设置的安全认证口令,需妥善保管和使用。

使用无线路由器上网,可能都会涉及无线密码、路由器管理员密码、宽带密码。三个密码对上网设置、网络安全至关重要,各个密码的作用如图 1.88 所示。下面详细介绍这三个密码的作用及管理、查找方法。

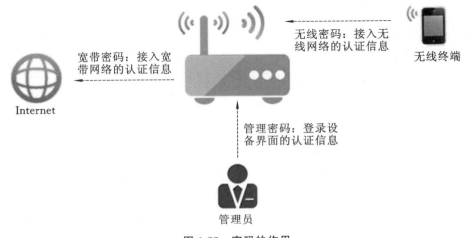

图 1.88   密码的作用

1. 无线密码(接入路由器无线信号的密码)

定义说明:无线终端接入路由器的无线网络时需要输入的验证密码。

默认状态:出厂状态下,路由器的无线网络未加密。

管理方法:修改路由器的无线加密、无线密码,可以登录路由器管理界面,点击【无线设置】→【无线网络安全设置】,在 PSK 密码中可以查看、修改无线密码,如图 1.89 所示。

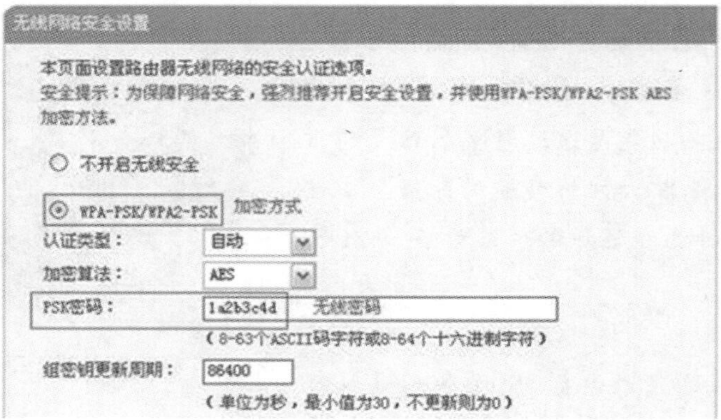

图 1.89 查看、修改无线密码

温馨提示 PSK 密码长度不少于 8 位,建议设置为数字与字母的组合,提高复杂性(可以提高无线安全性)。

丢失找回:请将电脑通过网线连接到路由器 LAN 口(有线接口),登录管理界面,在"无线网络安全设置"界面中查看 PSK 密码。

其他相关:建议设置高级别加密,如 WPA-PSK/WPA2-PSK 且加密算法为 AES 的加密,不建议设置 WEP 加密方式。

只有无线路由器(一般型号以 TL-WR 开头)才有无线密码,有线路由器(型号以 TL-R 开头)没有无线功能,因此也没有无线密码。

2. 宽带密码(接入宽带网络的认证密码)

定义说明:宽带拨号上网使用的密码,由电信、联通等运营商(服务商)提供。

默认状态:办理宽带业务时,运营商指定的宽带账号和密码。

管理方法:首次设置路由器,在设置向导中输入宽带账号和密码。也可以登录管理界面,点击【网络参数】→【WAN 口设置】进行设置,在 PPPoE 连接中修改上网账号和口令(密码),如图 1.90 所示。

丢失找回:忘记宽带密码,需要联系电信、联通等对应的宽带运营商找回密码。

其他相关:宽带账号密码填写错误会导致路由器连不上网,请务必记清楚(大小写、

图 1.90 WAN 口设置

特殊字符等）。部分路由器包装盒内有账号密码备忘标签纸，请将您的宽带账号和密码填写上去并保存好，以备使用。

3. 管理员密码（登录路由器管理界面的密码）

定义说明：管理员密码是登录路由器管理（设置）界面的密码。管理界面可以查看、管理路由器的设置。该密码可保护路由器免遭攻击。

默认状态：不同型号的路由器默认密码可能有所差异，请按照表 1.8 所示确认。

表 1.8 不同型号的路由器默认密码

登录提示框	默认 用户名	默认密码
请输入管理员密码 忘记密码？ 确认	无用户名	无默认密码，用户首次登录时需要自己设置 6～15 位管理员密码。 后续需要使用设置好的管理员密码进行登录
Windows 安全 位于 TP-LINK Wireless N Router WR745N 的服务器 192.168.1.1 要求用户名和密码。 警告：此服务器要求以不安全的方式发送您的用户名和密码(没有安全连接的基本认证)。 用户名 密码 □ 记住我的凭据 确定 取消	admin （小写字母）	admin（小写字母）

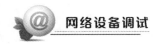

续表1.8

登录提示框	默认 用户名	默认密码
 TP-LINK 登录密码： 登　录	无用户名	admin（小写字母）

注意：表中第一类显示框中没有用户名的概念，管理员密码需要在首次登录的时候自行设置。

修改方法：路由器管理员密码可以进行修改。登录管理界面，点击【系统工具】→【修改登录密码】，然后输入原密码即可设置新密码，如图1.91所示。

温馨提示，此处仅以第一类登录框密码（管理员密码）修改为例，其他类型处理方法类似。

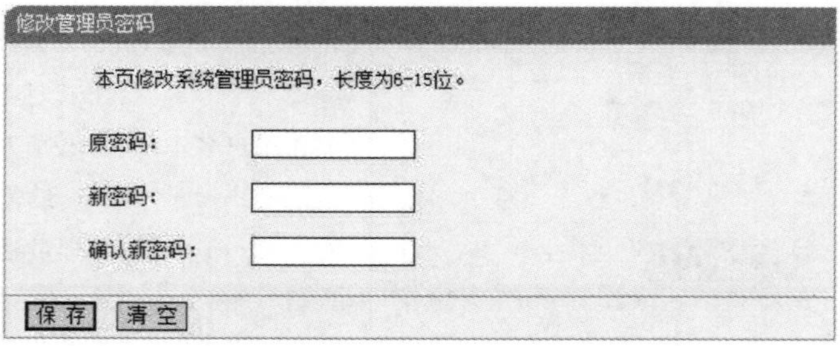

修改管理员密码

本页修改系统管理员密码，长度为6-15位。

原密码：

新密码：

确认新密码：

保存　清空

图1.91　修改管理员密码

丢失找回：如果管理员密码是用户自行设定或经过修改，则无法找回，必须进行复位（恢复出厂设置），如果未经修改，可以尝试使用默认密码。

其他相关：管理员密码对于路由器的安全性、网络安全至关重要。当用户通过电脑、手机或Pad等设备上网时，可能会有意或无意点击恶意链接。黑客也可能会通过木马或钓鱼病毒主动攻击连接到路由器的上网设备。此外，电脑、手机等设备上也安装了不少管理应用软件，部分软件本身会对计算机及内网有一些后台操作。在以上情况下，如果路由器保持着默认的管理员密码，黑客或软件发行者有可能借助用户的上网设备，凭默认的管理员密码进入路由器管理页面查看并更改路由器所有参数,包括 DNS 服务器配置、无线密码等,从而对用户的网络安全造成威胁,而更改管理员密码则可以有效防止此类攻击。

四、WiFi 防破解办法(原因、危害、判断及防护措施)

1. 为什么我的无线网会被蹭网?

(1) 无线密钥被泄露

在"免费 WiFi 上网"的大肆宣传下,越来越多的人经不住"免费午餐"的诱惑,加入了"蹭网"的行列。与此同时,不少人也发现自己的无线网络"被蹭网",怀疑无线路由器被"WiFi 万能钥匙"等软件破解了。殊不知,"外祸起于内因"。下面将详细图解无线密钥泄露的过程,如图 1.92 所示。

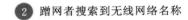

图 1.92　无线密钥泄露过程

过程解读:一台安装了蹭网软件的手机连接上自家无线网络后,蹭网软件会自动或者手动将无线网络的名称和密码上传到它的服务器上。当其他人使用安装了蹭网软件的手机搜索到这个无线信号时,就可以获取无线网络的密码,从而达到蹭网的目的。

换句话说,当你使用蹭网软件享用"免费午餐"时,你的"午餐"也很有可能正在被其

他人分享。

（2）无线网络未加密

我们把无线网络比作一个家，那么无线网络的名称就是一扇门，无线网络的密码就是这扇门的一把锁。如果没有锁，其他人只要找到了这扇门，就可以随意进出这个家，甚至拿走家里的东西。未加密的无线网络也称作开放的无线网络，搜到该信号的无线设备可以看到该网络未加密，就会尝试"蹭网"（图 1.93）。

图 1.93 无线网络未加密

（3）无线网络被破解

破解无线网络一般采用穷举法，理论上来讲，只要有足够的时间，就没有破解不了的密码。

采用 WEP 加密的无线密码相当于一把 A 级锁芯的锁（一般路由器都已经去掉了这种加密方法），防盗系数较低，只能抵挡几分钟；而 WPA/WPA2 则是超 B 级锁芯，防盗系数较高，如果密码设置得复杂一些，一般情况下不会被破解。

2. 被蹭网会带来哪些危害？

（1）影响网络稳定

家里网络的总带宽好比是一块蛋糕，如果有其他人来瓜分这块蛋糕，剩下的可能就不够吃。如果蹭网者利用网络进行 P2P 下载或者观看在线视频等大流量操作，必然会占用大量带宽，造成网络卡、慢甚至掉线（图 1.94）。

蹭网电脑　　　　　　　无线网络　　　　　　　网络卡、掉线

图 1.94 蹭网影响网络稳定

（2）威胁网络安全

自家的防盗门钥匙被别人揣在兜里，家里的东西可能悄悄地就被拿走了。蹭网者连上了你的无线网络，就与你处于可以互相访问的同一局域网。他可以进入路由器管理界面篡改路由器的配置信息，也可以访问同一局域网中的任意一台电脑，窃取电脑中的文件甚至网络账号信息，带来严重后果（图1.95）。

图1.95　窃取电脑中的文件

3. 怎样判断无线网络被蹭网了？

最直接的判断方法就是查看路由器管理界面显示的当前连接无线网络的主机数目。首先，登录到路由器的管理界面（路由器的默认管理地址为 tplogin.cn 或 192.168.1.1），点击【设备管理】，查看已连设备中是否有陌生的终端设备（图1.96）。

图1.96　查看无线主机数

如果访客网络是开启的，可以点击【设备管理】→【访客设备】，查看是否有连接的设备（图1.97）。

图 1.97　访客设备

建议不开启访客网络,如果需要开启,一定要设置访客网络的无线密码。

如果发现已连设备中有陌生的蹭网设备,点击设备对应的"禁用",即可将该设备加入黑名单。可以点击【设备管理】→【已禁设备】,查看被禁用的设备(图 1.98)。

图 1.98　查看被禁用的设备

如果是传统界面,可点击【无线设置 】→【无线网络主机状态】,查看当前所连接的主机数,如图 1.99 所示。

<table>
<tr><td colspan="5">无线网络主机状态</td></tr>
<tr><td colspan="5">本页显示连接到本无线网络的所有主机的基本信息。</td></tr>
<tr><td colspan="5">当前所连接的主机数:3　　刷　新</td></tr>
<tr><td>ID</td><td>MAC地址</td><td>当前状态</td><td>接收数据包数</td><td>发送数据包数</td></tr>
<tr><td>1</td><td>C8-6F-1D-8E-58-EE</td><td>连接</td><td>219</td><td>29</td></tr>
<tr><td>2</td><td>10-68-3F-48-03-90</td><td>连接</td><td>161</td><td>3</td></tr>
<tr><td>3</td><td>08-70-45-E7-8C-C9</td><td>连接</td><td>21</td><td>5</td></tr>
<tr><td colspan="5">上一页　　下一页　　帮助</td></tr>
</table>

图 1.99　查看当前所连接的主机数(传统界面)

例如:在使用环境中,你确认只有 2 个无线终端设备连接了无线网络,但无线网络主机状态却显示当前所连接的主机数为 3 个,那就说明你的无线网络被蹭网了。

4. 如何防止被蹭网？

(1) 设置无线网络

① 设置无线加密。目前的新界面(云路由)无线路由器默认使用 WPA-PSK/WPA2-PSK 加密,请登录到路由器的管理界面,点击【网络状态】进行设置,设置的无线密码建议为字母、数字和符号的组合,且长度最好不少于 12 位,如图 1.100 所示。

图 1.100　设置无线加密(新界面)

如果是传统界面,登录到路由器的管理界面,点击【无线设置】→【无线网络安全设置】,如图 1.101 所示。

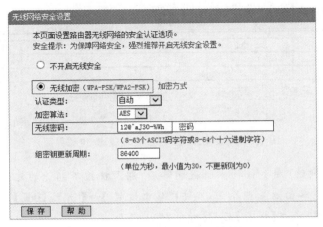

图 1.101　设置无线加密(传统界面)

② 设置无线 MAC 地址过滤。如果使用网络的终端基本固定,不会经常有其他人接入无线网络,建议启用无线 MAC 地址过滤,只允许所有家庭成员的设备接入。登录到路由器的管理界面,点击【应用管理】→【无线设备接入控制】,再点击进入,如图 1.102 所示。

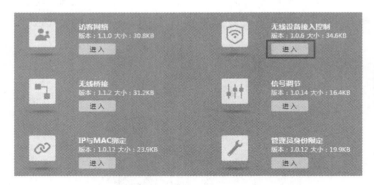

图 1.102　设置无线 MAC 地址过滤(新界面)

🕑**温馨提示**,部分路由器暂不支持 MAC 地址过滤功能。

如果是传统界面,登录到路由器的管理界面,点击【无线设置】→【无线 MAC 地址过滤设置】,把使用环境中的无线终端 MAC 地址都添加到允许列表,并启用规则,如图 1.103 所示。

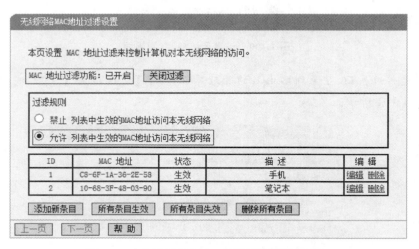

图 1.103　设置无线 MAC 地址过滤(传统界面)

③ 隐藏无线网络(图 1.104)。隐藏网络后,别人就搜不到你的无线信号,降低了被蹭网的风险。登录到路由器管理界面,点击【路由设置】→【无线设置】,把"开启无线广播"前面的钩选项去掉,点击【保存】后,信号就"隐藏"了。

隐藏无线网络　　　　　　　　　设备搜不到无线信号

图 1.104　隐藏无线网络

信号隐藏后,设备首次连接时需要手动输入无线网络的名称和密码,连接成功后,以后就可以自动连上信号。

(2)慎用"蹭网软件"

一台安装了"蹭网软件"的手机的危害如下:

① 坑了自家无线网络,自家无线网络稀里糊涂地就被"蹭网软件"分享给了周边人;若在公司连接无线网,"蹭网软件"会把公司无线网络分享出去……

② 即便你的手机不安装"WiFi 万能钥匙"这样的蹭网软件,但难保哪天某个来你家的朋友的手机上安装了,你的无线网络被偷偷分享。可经常不定期更改无线密码,防止蹭网。

③ "蹭网软件"可以实现"免费 WiFi 上网",同时也有着巨大的安全隐忧,你不知道谁跟你在同一局域网,就像你不知道和什么样的人待在同一个房间。

五、无线 WiFi 技术在智能家居应用领域的解决方案

随着科学技术的不断发展,局域网也正逐渐向无线化、多网合一的方向发展,在多网合一快速发展的过程中,带动了多种无线技术的广泛应用,WiFi 便是其中的一种。

当前,智能家居产业也正如火如荼地进行,可以预见,未来智能家居的发展,将不再局限于家电设备、灯光等的遥控,嵌入式智能终端、无线 WiFi 技术,以及 Internet 的广泛应用必将使家居控制变得更加自动化、智能化和人性化,必将改变传统智能家居的模式,把智能家居推上一个快速发展的舞台。

1. WiFi 技术原理及应用

WiFi 技术突出的优势在于:

(1)无线电波的覆盖范围广,WiFi 覆盖范围的半径可达 100 m;

(2)传输速度非常快,符合个人和社会信息化的需求。

WiFi 技术相较于有线网络,有如下优点:

① 无须布线

WiFi 最主要的优势在于不需要布线,可以不受布线条件的限制,因此非常符合移动办公用户的需要,具有广阔市场前景。目前它已经从传统的医疗保健、库存控制和管理

服务等特殊行业拓展到了更多的行业。

② 简单的组建方法

一般架设无线网络的基本配备就是无线网卡及一台 AP,如此便能以无线的模式,配合既有的有线架构来分享网络资源,架设费用和复杂程度远远低于传统的有线网络。如果只是几台电脑的对等网,也可不要 AP,只需要每台电脑配备无线网卡。AP 即 Access-Point 的简称,一般翻译为"无线访问节点"或"桥接器",它主要在媒体存取控制层 MAC 中扮演无线工作站及有线局域网络的桥梁。有了 AP,就像一般有线网络的 Hub 一般,无线工作站可以快速且轻易地与网络相连。特别是对于宽带的使用,WiFi 更显优势,有线宽带网络(ADSL、小区 LAN 等)到户后,连接到一个 AP,然后在电脑中安装一块无线网卡即可。普通的家庭有一个 AP 已经足够,甚至用户的邻里得到授权后,无须增加端口,也能以共享的方式上网。

③ 长距离工作

别看无线 WiFi 的工作距离不远,在网络建设完备的情况下,802.11 b 的真实工作距离可以达到 100 m 以上,而且解决了高速移动时数据的纠错问题、误码问题,WiFi 设备与基站之间的切换和安全认证都得到了很好的解决。

总而言之,家庭和小型办公网络用户对移动连接的需求是无线局域网市场增长的动力。

2. WiFi 与蓝牙技术的比较

(1) 蓝牙技术特点

速度慢;一般只是用来传输少量数据的,不需要网络;需连接蓝牙配件;不能连接网络,无法上网;覆盖范围 10 m 以内。

(2) WiFi 技术特点

可以连接公共网,提供网络浏览功能;速度快;传送大量数据;覆盖范围可达 100 m。

3. WiFi 在智能家居中的应用

WiFi 是由 AP 和无线网卡组成的无线网络,任何一台装有无线网卡的 PC 均可通过 AP 去分享有线局域网络甚至广域网络的资源,其工作原理相当于一个内置的 Hub 或者是路由,而无线网卡则是负责接收由 AP 所发射信号的 Client 端设备。

与传统智能家居系统采用的有线布网方式相比,WiFi 技术的应用则减少了布线麻烦,具有更好的可扩展性、移动性。因此,采用无线智能控制模式是智能家居发展的必然选择。下面以某公司的数字无线智能网关为例,说明 WiFi 在智能家居中的应用。该应用主要包括一个家庭网关以及若干个无线通信子节点,在家庭网关上有一个无线发射模块,每个子节点上都包含一个无线网络接收模块,通过这些无线收发模块,数据就在网关和子节点之间进行传送。

图 1.105 所示是智能家居系统的解决方案,其中 WiFi 智能网关就是室内机。WiFi 智能网关就是家庭的一个智能化枢纽,经过智能网关上的无线射频模块与手机中各子节

点进行通信,实现家电的控制。

图 1.105　智能家居系统解决方案

WiFi 智能网关主要包括如下应用:

(1) 数字可视对讲

WiFi 智能网关可作为移动的终端设备,因此你可以方便地在客厅、卧室以及家里任何一个地方进行对讲控制。

(2) 安防报警

一旦警情发生,报警信息就会及时上传至管理中心,同时也可以通过短信、电话等方式通知业主,并且能实现自动抓拍等功能。

(3) 信息发布

通过小区管理软件,物业管理者可以编辑如文字、图片、视频、天气等各种信息,实时将信息发送至业主家中的智能网关上,业主可以通过智能网关提示来浏览中心服务器上的各类信息。

(4) 小区商城管理

通过小区管理软件建立虚拟超市,小区业主通过智能网关就可以浏览各类商品信息了。

(5) 远程监控

用户使用电脑网络远程登录家庭网关,实现对家庭环境的实时监控。

总之,通过 WiFi 技术的运用,已成功将智能家居的各种设备和楼宇对讲衔接起来,提供比传统智能家居更舒适、安全、便捷的智能家居生活空间,优化了人们的生活方式,从而给用户带来了全新、舒适的家居生活。

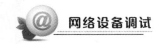

六、物联网无线 ZigBee 智能家居设计解决方案

1. 智能家居优势介绍

（1）家居智能化的必要性

随着社会经济结构、家庭人口结构以及信息技术的发展变化，人们对家居环境的安全性、舒适性、效率性、透明性提出了更高的要求。同时，越来越多的家庭要求家居产品不仅要具备简单的智能，更要求整个系统在功能扩展、外延以及服务方面能够做到简单、方便、轻松、安全。

（2）物联网智能家居与传统智能家居的区别

传统意义上，智能家居的诞生是为了提升生活品质，其实物联网型智能家居正在改变这些观点，最显著的变化就是实用、方便、易整合。每一个家庭中都存在着各种电器，不管是号称智能的冰箱、空调，还是传统的电灯、电视，一直以来由于标准不一，都是独立工作的，从系统的角度来看，它们都是零碎的、混乱的、无序的，并不是一个有机的、可组织的整体，家庭的主人面对这些杂乱无章的电器所消耗的时间成本、管理成本、控制成本通常都是很高的并且是非必要的。

无线物联网技术的出现，给传统的智能电器、智能家居带来了新的产业机会，通过它可以将家中的各种电器通过无线方式形成一个完整的系统，从而可以实现无缝感知并完整管理。这种以前无法想象并深具挑战性的应用今天一旦使用，无线物联网技术连接就会变得轻松、方便并且非常有趣。这些应用带来的不仅仅是生活品质的提高，更大程度上可以看作现代家庭的一种最基本需求。

相较于物联网智能家居，传统的智能家居不易扩展，灵活性低、兼容性差，升级成本昂贵，维护成本高。

（3）各种对比分析

虽然智能家居的概念很早就出现了，市场需求也一直存在，但长期以来智能家居的发展由于受制于相关技术的突破，一直没有得到大规模的应用普及。目前市场存在的智能家居技术介绍如下：

① 有线方式

这种方式所有的控制信号必须通过有线方式连接，控制器端的信号线特别多，一旦遇到问题，排查也相当困难。有线方式的缺点非常突出，布线繁杂、工作量大、成本高、维护困难、不易组网、扩展性差。这些缺点最终导致有线方式的智能家居只停留在小规模试点阶段，无法大规模快速推广。

② 无线方式

用于智能家居的无线系统需要满足几个特性：低功耗、稳定、易于扩展组网，至于传输速度，显然不是此类应用的重点。

目前几种可用于智能家居的无线方式如下：

蓝牙:是一种支持设备短距离通信(一般 10 m 内)的无线电技术,能在移动电话、Pda、无线耳机、笔记本电脑、相关外设等众多设备之间进行无线信息交换。但这种技术通信距离太短,同时属于点对点通信方式,对于智能家居的要求来说根本不适用。

WiFi:是一种短程无线传输技术,能够在数百米范围内支持互联网接入的无线电信号。它的最大特点就是方便人们随时随地接入互联网。但对于智能家居应用来说缺点却很明显,功耗高、组网能力差、安全性低,所以 WiFi 虽然非常普及,但在智能家居的应用中只是起到辅助补充的作用。

315M/433M:这些无线射频技术广泛运用在车辆监控、遥控、遥测、小型无线网络、工业数据采集系统、无线标签、身份识别、非接触 RF 等场所,也有厂商将其引入智能家居系统,但由于其抗干扰能力弱、组网不便、可靠性一般、标准混乱、安全性很低,在智能家居中的应用效果差强人意,乏善可陈,最终被主流厂商抛弃。

ZigBee:ZigBee 的基础是 IEEE802.15。但 IEEE 仅处理低级 MAC 层和物理层协议,因此 ZigBee 联盟扩展了 IEEE,对其网络层协议和 API 进行了标准化。ZigBee 是一种新兴的近程、低速率、低功耗的无线网络技术,主要用于近距离无线连接,具有低复杂度、低功耗、低速率、低成本、自组网、高可靠度、高安全性的特点,主要适用于自动控制和近程控制等领域,可以嵌入各种设备。简而言之,ZigBee 就是一种便宜的、低功耗、自组网的近程无线通信技术。

2. ZigBee 智能家居产品与传统智能家居产品的比较优势

(1) 物联网背景下智能家居的理解

物联网一个重要特征就是能够快速大规模部署并能够长期稳定运行,这样的特征就要求家居产品必须具备无线、无缝、绿色、安全、可靠的能力,从这些基本能力来看,传统的所谓智能家居产品显然已经不能适应物联网时代的要求。

ZigBee 最初预计的应用领域主要包括消费电子、能源管理、卫生保健、家庭自动化、建筑自动化和工业自动化。随着物联网的兴起,ZigBee 又获得了新的应用机会。物联网的网络边缘应用最多的就是传感器或控制单元,这些是构成物联网最基础、最核心、最广泛的单元细胞,而 ZigBee 能够在数千个微小的传感传送单元之间相互协调以实现通信,并且这些单元只需要很少的能量,以接力的方式通过无线电波将数据从一个网络节点传到另一个网络节点,所以它的通信效率非常高。这种技术功耗低、抗干扰、高可靠、易组网、易扩容、易使用、易维护,便于快速大规模部署,顺应了物联网发展的要求和趋势。从技术的角度看,物联网和 ZigBee 技术在智能家居、健康保健、工农业监测等方面的应用有着很大的融合性,而相对其他无线技术而言,ZigBee 以其在投资、建设、维护、标准化(国际 HA 标准)等方面的优势,必将在物联网型智能家居领域获得更广泛的应用。

(2) ZigBee 的主要优势

从组网能力来看,蓝牙、WiFi、315M/433M 等无线技术只适用于简单的星形网络,组网能力有限,不具备网络修复能力,而 ZigBee 网络能够组成除星形网络之外的树状网和更复杂的网状网。

从安全性来看,ZigBee 具备特有的安全层,采用 128K 的高级加密技术,具有非常高的安全性。而蓝牙、WiFi、315M/433M 等无线技术的安全性普遍较差,泄密事件频发。

从可靠性来看,ZigBee 同时采用了跳频和扩频技术,有着极强的抗干扰能力,而蓝牙、WiFi、315M/433M 等无线技术的抗干扰能力一般,特别是 315M/433M 射频更容易被空中截码,并且很容易被模拟,可靠性很低。

总之,与传统智能家居相比,ZigBee 具有以下特点:

① 具有安全层,安全性好,采用高级加密技术,至今在全球没有破解先例。

② 同时采用跳频和扩频技术,抗干扰能力强。

③ 采用经过全球市场多年检验的通信标准,可靠性高。

④ 自组网能力强,组网规模大,最大网络可负担 6 万多台设备。

⑤ 具备网络自愈能力,任何节点的掉线或崩溃都不会影响整个网络的稳定。

⑥ 功耗低,很多传感器使用普通电池供电可以工作 1 年以上。

⑦ 兼容能力强,可伸缩,采用国际通用的标准协议,可以兼容其他品牌的设备,随时可扩容扩展。

⑧ 全覆盖、无盲区,具有有线方式无法企及的优势。

⑨ 与云端无缝连接,方便管理、溯源和及时感知并控制。

项目 2　微型企业网络设置

任务 2.1　小型办公网络的组建与管理

随着科学技术的不断发展,计算机正朝着数字化、多媒体化、网络化方向发展,办公也从原始用笔与纸的记录方式逐步转化为无纸化方式。利用网络技术组建一个高效、快捷、安全的办公环境可节约各部门的硬件资源投资,可实现网络的远程访问和网内用户之间的交流。组建办公局域网已成为一种不可抗拒的趋势。

 知识目标

(1) 熟悉思科模拟器的安装与汉化;
(2) 熟悉思科模拟器软件各板块按钮的功能;
(3) 认识模拟器中常见的网络设备及线缆;
(4) 知道如何对网络设备进行正确的线缆连接;
(5) 掌握网络拓扑结构图的正确使用方法。

 技能目标

(1) 会安装和汉化思科模拟器;
(2) 会对网络设备进行正确的连接;
(3) 掌握网络拓扑结构的使用方法。

 情感目标

(1) 具有追求完美、精益求精的专注精神;
(2) 具有变通能力,能结合实际情况解决问题。

问题提出

在家庭、办公室、机房等生活和工作环境中常需要多台同网段电脑实现连接。现有一个研讨小组,需要组建一个 6 个人的办公网络环境,6 台电脑之间相互通信并且可以资源共享,提高工作效率。为了优化升级,方便后期工作,需要实现共享打印机,并且每台电脑都可以访问此台打印机。

那么办公网络怎样实现同网段办公呢？

 任务梳理

任务清单见表 2.1。

表 2.1　任务清单

硬件准备	计算机 6 台、2960 交换机 1 台、路由器、超五类网线、网线钳、水晶头、测线器
应用软件	思科软件
	visio 软件
网络拓扑结构	—
IP 协议	IP 地址
网络测试	同网段内文件互传
	实现路由器 A 与路由器 B 广域网互通（HDLC）
网络布线	

 实现步骤

一、环境搭建

环境搭建如图 2.1 所示。

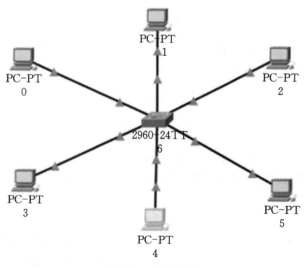

图 2.1　环境搭建

硬件准备:计算机 6 台、8 口交换机(图 2.2)、路由器、超五类网线、网线钳、水晶头、测线器。

配置好 IP 地址,并进行网络测试。

图 2.2   8 口交换机

二、交换机的选取

根据问题可以看出,现需要 6 台电脑进行共享,并且为了后期优化升级办公网络,交换机选择 8 口交换机即可。每台电脑占用一个端口,剩余两个端口可以用来连接路由器及共享打印机的服务器。

> **知识点**   交换机的主要功能包括物理编址、网络拓扑结构、错误校验、帧序列以及流控。目前交换机还具备了一些新的功能,如对 VAN 原拟高域网的支持,对链路消聚的支持,甚至有的还具有防火墙的功能,那么在选择交换机的时候需要注意哪些细节呢?

① 背板带宽、二/三层交换吞吐率;

② 交换机端口数量和类型;

③ Qos、802.1q 优先级控制、802.1X 和 802.3X 的支持;

④ 交换机的交换缓存、主存、转发延时等参数;

⑤ 线速转发、路由表大小、访问控制列表大小、对路由协议的支持情况、对组播协议的支持情况、包过滤方法、机器扩展能力表等都是值得考虑的参数,应根据实际情况考察。

⑥ vlan 类型和数量。

交换机选取完成以后,网络设备及电脑是需要通过网线进行网络通信的。

三、以太网技术

选取合适的交换机以后,如图 2.1 所示,需要将 6 台电脑与交换机进行连接实现网络通信,毋庸置疑,需要准备 6 条交叉线(同等设备用直通线,不同等设备用交叉线)。工程师在实际工作当中,不仅要对网络设备进行调试,而且在搭建网络设备之前需要进行一些准备工作。例如:网线制作、办公网络的布线规则(网络拓扑结构图的设计)、网络环境虚拟搭建及调试等。

1. 网线制作

(1) 使用网钳剥下网线外皮(图 2.3),露出长度为 2～3 cm,剥开线后,露出四股不同颜色的线,分别为橙、绿、蓝、棕。

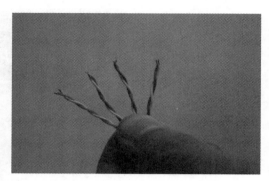

图 2.3　使用网钳剥下网线外皮

知识点　网钳,用于对网线进行切割剥皮,并按压水晶头。

(2) 将网线按照线序排好顺序,并使用网钳切线,切线要整齐(图 2.4)。

序号	1	2	3	4	5	6	7	8
颜色	白橙	橙	绿白	蓝	蓝白	绿	白棕	棕

图 2.4　网线排序

拓展

网线制作的线序如下:

TIA/EIA-568B:① 白橙,② 橙,③ 白绿,④ 蓝,⑤ 白蓝,⑥ 绿,⑦ 白棕,⑧ 棕;

TIA/EIA-568A:① 白绿,② 绿,③ 白橙,④ 蓝,⑤ 白蓝,⑥ 橙,⑦ 白棕,⑧ 棕。

两端制作线序一样为直通线;两端线序一端为 T568A、一端为 T568B,则为交叉线。

(3) 使水晶头的弹片朝外,入线口朝下,从左到右,遵循上面的线序,充分插入线(以在水晶头的顶部看到双绞线的铜心为标准),然后用网线钳夹一下,就可以了(图 2.5)。

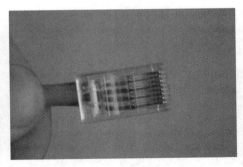

图 2.5 连接水晶头

温馨提示 压好的水晶头要预留 1~1.5 cm 长,暴露太多会导致网络信号不好,且网线容易断;暴露太少,则网线可能无法插到底。

知识点 水晶头(registered jack,RJ)是一种标准化的电信网络接口(图 2.6)。

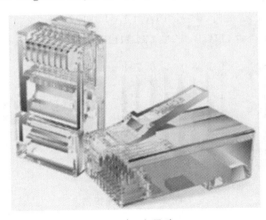

图 2.6 水晶头

(4)使用测线器进行检测,查看网线是否能够导通使用。根据制作的网线的种类不同,检测时测线器的亮灯顺序也不同。正确亮灯顺序(图 2.7)如下:

① 直通线两端亮灯顺序均为 12345678;

② 交叉线两端亮灯顺序分别为 12345678、36145278。

测线器(图 2.7)用于检测制作的网线线序是否正确,以及各线是否都可以导通。

寻线器(图 2.8)可以迅速高效地从大量的线束线缆中找到所需线缆,是网络线缆、通信线缆、各种金属线路施工工程和日常维护过程中查找线缆的必备工具。

故障诊断:

① 某灯不亮,即该灯对应线路不通;

② 多灯同时亮,即对应多线短路;

③ 不按一定顺序亮,即打水晶头时线序不对。

图 2.7　测线器

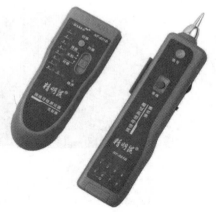

图 2.8　寻线器

知识点　① 直通线

网线两端水晶头做法相同,都是 TIA/EIA-568B 标准,或 TIA/EIA-568A 标准。用于 PC 网卡到 HUB 普通口,HUB 普通口到 HUB 级联口的连接(图 2.9)。

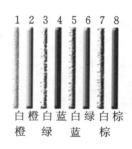
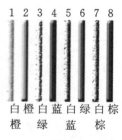

1 2 3 4 5 6 7 8　　1 2 3 4 5 6 7 8

白橙 白蓝 白绿 白棕　　白橙 白蓝 白绿 白棕
　橙　绿　蓝　棕　　　　橙　绿　蓝　棕

直连线接法:集线器(交换机)的级连
　　　　　服务器←→集线器(交换机)
　　　　　集线器(交换机)←→计算机

图 2.9　直通线接法

② 交叉线

网线两端水晶头做法不相同,一端为 TIA/EIA-568B 标准,一端为 TIA/EIA-568A 标准。用于 PC 网卡到 PC 网卡,HUB 普通口到 HUB 普通口的连接(图 2.10)。

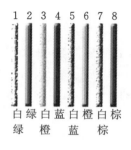
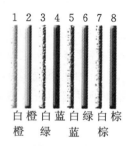

1 2 3 4 5 6 7 8　　1 2 3 4 5 6 7 8

白绿 白蓝 白橙 白棕　　白橙 白蓝 白绿 白棕
　绿　橙　蓝　棕　　　　橙　绿　蓝　棕

交叉线接法:计算机←→计算机
　　　　　服务器←→集线器
　　　　　交换机←→交换机

图 2.10　交叉线接法

③ 直通线与交叉线的使用

设备口相同,用交叉线;设备口不同,用直通线。

前文已经提到两台电脑之间通过网线进行连接时,RJ45 型网线插头与网线的接法是:一端按 TIA/EIA-568A 线序接,一端按 TIA/EIA-568B 线序接,然后网线经 RJ45 插头插入要连接电脑的网线插口中,这就完成了两台电脑间的物理连接。

2. 小型办公网络的布线规则

交换机、网线准备完成以后,怎么将 6 台电脑与交换机进行连接呢?

在进行网络环境搭建之前都要有网络拓扑结构图,这就像盖楼房需要工程图一样,我们需要将网络设计思路通过网络拓扑结构的方式搭建出来,也就是制作好"图纸"。根据"图纸"搭建网络环境,然后再配置相对应的 IP 地址,进行网络调试。

(1)假如其中一条线路发生故障时,PC 之间发送资料就会造成整个网络的瘫痪,就不能实现多台同网段电脑连接,以及电脑之间的相互通信和资源共享。为了避免这种情况的发生,将 6 台电脑进行了星形网络拓扑结构连接,实际的拓扑结构如图 2.11 所示。

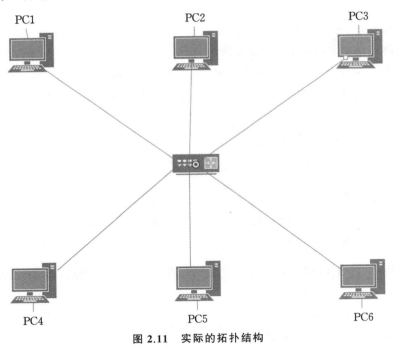

图 2.11 实际的拓扑结构

知识点 星形网络拓扑结构(图 2.12)是由中央节点和通过点到点通信链路接到中央节点的各个站点组成。中央节点执行集中式通信控制策略,因此中央节点相当复杂,而各个站点的通信处理负担都很小。一旦在这种结构中建立了通道连接,就可以无延迟地在连通的两个站点之间传送数据。

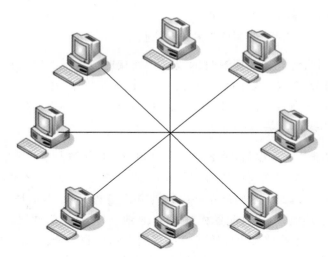

图 2.12　星形拓扑结构

优点：

① 结构简单，连接方便，管理和维护都相对容易，而且扩展性强；

② 网络延迟时间较短，传输误差低；

③ 在同一网段内支持多种传输介质，除非中央节点故障，否则网络不会轻易瘫痪；

④ 每个节点直接连到中央节点，故障容易检测和隔离，可以很方便地排除有故障的节点。

因此，星形网络拓扑结构是应用最广泛的一种网络拓扑结构。

缺点：

① 安装和维护的费用较高；

② 共享资源的能力较差；

③ 一条通信线路只被该线路上的中央节点和边缘节点使用，通信线路利用率不高；

④ 对中央节点要求相当高，一旦中央节点出现故障，整个网络将瘫痪。

（2）规划设计各 PC 的 IP 地址、子网掩码、连接的端口、线缆。IP 地址设置，如表 2.2 所示。

表 2.2　IP 地址设置

PC	IP 地址	子网掩码	端口	线缆
PC1	192.168.3.30	255.255.255.0	f0/1	直通线
PC2	192.168.3.31	255.255.255.0	f0/2	直通线
PC3	192.168.3.32	255.255.255.0	f0/3	直通线
PC4	192.168.3.33	255.255.255.0	f0/4	直通线

续表2.2

PC	IP 地址	子网掩码	端口	线缆
PC5	192.168.3.34	255.255.255.0	f0/5	直通线
PC6	192.168.3.35	255.255.255.0	f0/6	直通线

思考 为什么规划设计 IP 地址时,选择 192.168.3.X 网段? IP 地址是如何进行选取的? 该类地址属于哪类地址?

知识点 ① visio 的安装

a. 找到 visio 安装包,如果是.iso 文件或者压缩包,要先将其解压(没有解压软件的,要先去下载一个解压软件,例如 WinRAR、360 压缩等),如图 2.13 所示。

图 **2.13** visio **安装包**

b. 解压完成后,打开 visio 文件夹,找到名为 setup.exe 的文件,并双击打开,如图 2.14 所示。

名称	修改日期	类型	大小
Admin	2011/6/13 12:39	文件夹	
Catalog	2011/6/13 12:39	文件夹	
Office.zh-cn	2011/6/13 12:39	文件夹	
Office64.zh-cn	2011/6/13 12:39	文件夹	
Proofing.zh-cn	2011/6/13 12:39	文件夹	
Rosebud.zh-cn	2011/6/13 12:39	文件夹	
Updates	2011/6/13 12:39	文件夹	
Visio.WW	2011/6/13 12:39	文件夹	
Visio.zh-cn	2011/6/13 12:39	文件夹	
autorun.inf	2010/6/16 12:24	安装信息	1 KB
README.HTM	2011/6/13 12:38	Chrome HTML D...	2 KB
setup.exe	2010/6/26 0:48	应用程序	1,075 KB

图 **2.14** 双击 setup.exe **文件**

c. 打开后,就进入安装界面了。勾选"我接受此协议的条款",点击【继续】,如图 2.15 所示。

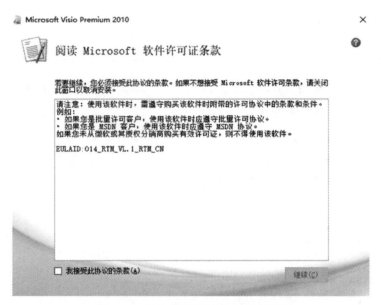

图 2.15   勾选"我接受此协议的条款"

d. 根据自己的需求选择安装方式(立即安装:安装路径、安装的程序和插件都按照默认设置来进行安装,方便快捷。自定义:更改安装路径,把程序装在自行选择的地方,安装里面的功能也可以选择,可以不安装自己不需要的),如图 2.16 所示。

图 2.16   选择安装方式进行安装

e. 点击【自定义】(这里只演示自定义安装)后,跳转到自定义安装界面,在此界面我们可以选择要安装的插件及安装路径等。选择完安装路径后,插件就不用选了,默认设置就可以,点击【立即安装】,如图 2.17 所示。

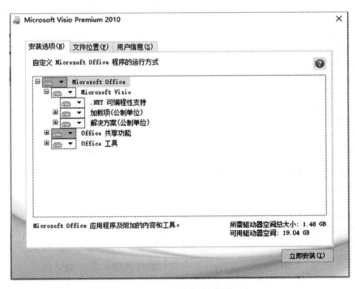

图 2.17　自定义安装

　　f. 接下来耐心等待,安装成功就可以了,如图 2.18 所示。

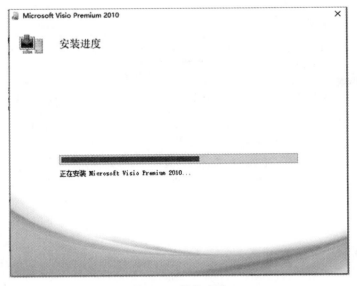

图 2.18　等待安装

　　g. 安装完成,点击关闭(如果桌面上没有快捷方式,为了方便快速打开软件,可以在你选择的存储路径下找到 visio 文件夹,找到"VISIO.EXE"文件,单击鼠标右键找到"发

送到",选择"桌面快捷方式",就可以在桌面上创建一个快捷方式,如图 2.19 所示)。

VBLZ000C.TLL	2010/2/28 5:09	TLL 文件	129 KB
VBLZ0007.TLL	2010/2/28 5:09	TLL 文件	110 KB
VBLZ0009.TLL	2010/2/28 5:09	TLL 文件	100 KB
VBLZ0011.TLL	2010/2/28 5:09	TLL 文件	95 KB
VBS2EXCL.XSL	2004/5/28 15:57	XSL 样式表	5 KB
VBS2WORD.XSL	2004/5/28 15:57	XSL 样式表	7 KB
VERBWIND.DLL	2010/10/20 16:56	应用程序扩展	119 KB
VIEWMODL.DLL	2010/10/20 16:56	应用程序扩展	94 KB
VISBRGR.DLL	2011/1/20 19:53	应用程序扩展	9,804 KB
VISCOLOR.DLL	2010/10/22 18:56	应用程序扩展	219 KB
VISDLGU.DLL	2010/12/28 0:52	应用程序扩展	136 KB
VISGRF.DLL	2010/12/28 0:52	应用程序扩展	548 KB
VISICON.EXE	2010/10/20 13:35	应用程序	1,136 KB
VISIO.EXE	2011/3/2 20:50	应用程序	1,448 KB
visio.exe.manifest	2010/3/12 23:37	MANIFEST 文件	2 KB
VisioCustom.propdesc	2009/3/23 9:41	PROPDESC 文件	2 KB
VISLIB.DLL	2011/3/2 20:50	应用程序扩展	13,293 KB
VISOCX.DLL	2010/3/13 0:04	应用程序扩展	395 KB
VISSHE.DLL	2010/3/13 0:04	应用程序扩展	880 KB
VISSUPP.DLL	2010/10/20 16:56	应用程序扩展	527 KB

图 2.19   找到"VISIO.EXE"文件以创建桌面快捷方式

② visio 的使用

a. 双击前面在桌面上创建的 visio 的快捷方式,即可打开 visio 软件,如图 2.20 所示。

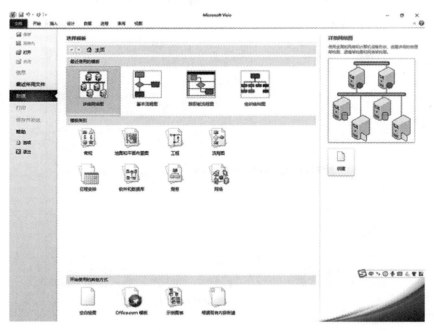

图 2.20   打开 visio 软件

b. 按照自己要绘制的图的类型,选择模板的类别。这里我们要绘制的是网络拓扑结构,所以选择的是"网络"→"基本网络图",如图 2.21 所示。

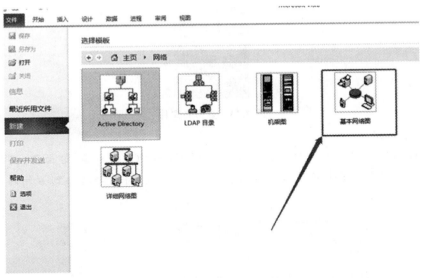

图 2.21　选择"网络"→"基本网络图"

c. 保存,点击"文件",选择【保存】或者【另存为】(点击"另存为"时,选择好文件保存路径,点击【确定】),如图 2.22 所示。

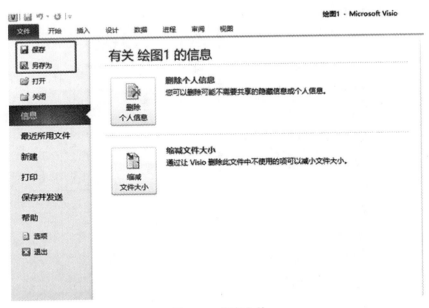

图 2.22　保存文件

d. 重命名,找到我们保存的 visio 文件(visio 文件的后缀名为.vsd),鼠标右键单击文件

选择"重命名"（或者有间隔地左键双击文件），就可以对文件进行重命名操作，如图 2.23 所示。

图 2.23 重命名文件

③ visio 画图

a. 可以通过左侧的工具栏选择要用到的图形（如 PC、服务器、路由器、交换机等）。当我们需要用到哪个图形时，通过长按鼠标左键的方式，将图形拖拽到右侧的网格图上即可，如图 2.24 所示。

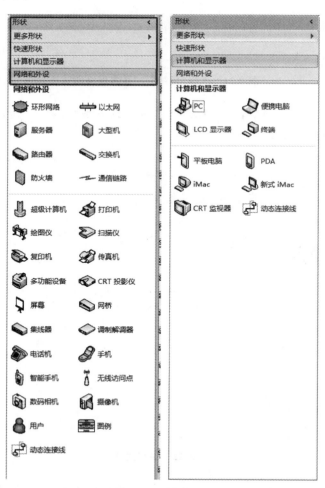

图 2.24 选择图形

b. 当鼠标停在图形上时,会出现四个箭头,可以通过拖拽箭头来连接两个图形,如图 2.25 所示。

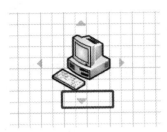

图 2.25　通过拖拽箭头连接两个图形

c. 重复上述操作就可以初步完成网络拓扑结构图的绘制了。

④ visio 美化

a. 图形对齐。若图形未对齐,会显得所绘的 visio 图杂乱无章,如图 2.26 所示。

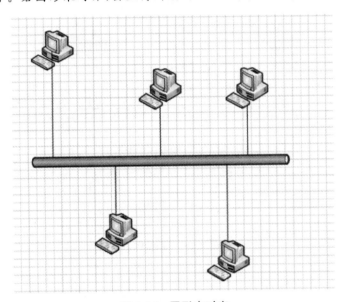

图 2.26　图形未对齐

当把图形对齐以后,会发现两张图在美观性上差别很大,图 2.27 所示图形比图 2.26 所示图形更加整齐且美观。

b. 图形标注。我们在绘图的时候,如果需要创建多个 PC(个人电脑),且不对各个 PC 进行标注,就会发现每台电脑无法互相对应。举个例子:图 2.26 的 5 台 PC 为我们小组内 5 个人的电脑,那么你能说出哪个对应的是你的电脑,哪个对应的是你同桌的电脑吗? 为了解决这个问题,我们可以给它们进行标注,如图 2.28 所示。

标注以后会发现,每台 PC 都有它各自的主人,如果我想对某个人的电脑进行一些操作,也能够有针对性。

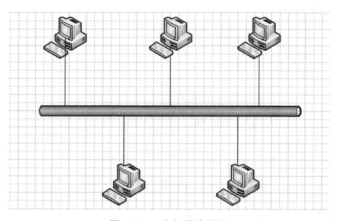

图 2.27 对齐后的图形

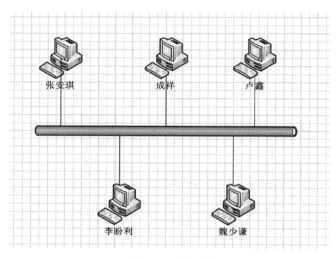

图 2.28 标注 PC

知识点

① 总线型拓扑结构(图 2.29)

总线型拓扑结构采用一个信道作为传输媒体,所有站点都通过相应的硬件接口直接连到这一公共传输媒体上,该公共传输媒体即称为总线。任何一个站发送的信号都沿着传输媒体传播,而且能被所有其他站所接收。

因为所有站点共享一条公用的传输信道,所以一次只能由一个设备传输信号。通常采用分布式控制策略来确定哪个站点可以发送信息。发送信息时,发送站将报文进行分组,然后逐个依次发送这些分组,有时还要与其他站点来的分组交替地在媒体上传输。当分组经过各站点时,其中的目的站点会识别到分组所携带的目的地址,然后复制下这些分组的内容。

图 2.29　总线型拓扑结构

优点：

a. 总线结构所需要的电缆数量少，线缆长度短，易于布线和维护；

b. 总线结构简单，又是无源工作，有较高的可靠性，传输速率高，可达 1～100 Mbps；

c. 易于扩充，增加或减少用户比较方便，结构简单，组网容易，网络扩展方便；

d. 多个节点共用一条传输信道，信道利用率高。

缺点：

a. 总线结构的传输距离有限，通信范围受到限制；

b. 故障诊断和隔离较困难；

c. 分布式协议不能保证信息的及时传送，不具有实时功能，站点必须是智能的，要有媒体访问控制功能，从而增加了站点的硬件和软件开销。

② 环形拓扑结构（图 2.30）

在环形拓扑结构中各节点通过环路接口连在一条首尾相连的闭合环形通信线路中，环路上任何节点均可以请求发送信息。请求一旦被批准，便可以向环路发送信息。环形网络中的数据可以是单向传输也可是双向传输。由于环线公用，一个节点发出的信息必须穿越环中所有的环路接口，信息流中目的地址与环上某节点地址相符时，信息被该节点的环路接口所接收，而后信息继续流向下一环路接口，直到流回发送该信息的环路接口节点为止。

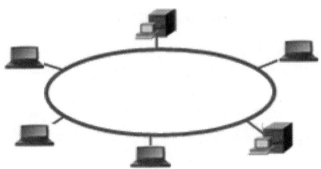

图 2.30　环形拓扑结构

优点：

a. 电缆长度短，环形拓扑网络所需的电缆长度和总线拓扑网络相似，但比星形拓扑网络要短得多；

b. 可使用光纤，光纤的传输速率很高，十分适合环形拓扑网络的单方向传输。

缺点：

a. 节点的故障会引起全网故障，这是因为环上的数据传输要通过接在环上的每一个节点，一旦环中某一节点发生故障就会引起全网的故障；

b. 故障检测困难，这与总线拓扑网络相似，因为不是集中控制，故障检测需在网络上各个节点进行，因此就不太容易；

c. 环形拓扑结构的媒体访问控制协议都采用令牌传递的方式，在负载很轻时，信道利用率相对来说就比较低。

③ 树形拓扑结构（图 2.31）

树形拓扑结构可以认为是由多级星形拓扑结构组成的，只不过这种多级星形拓扑结构自上而下呈三角形分布，就像一棵树一样，最顶端的枝叶少些，中间的多些，而最下面的枝叶最多。树的最下端相当于网络中的边缘层，树的中间部分相当于网络中的汇聚层，而树的顶端则相当于网络中的核心层。它采用分级的集中控制方式，其传输介质可有多条分支，但不形成闭合回路，每条通信线路都必须支持双向传输。

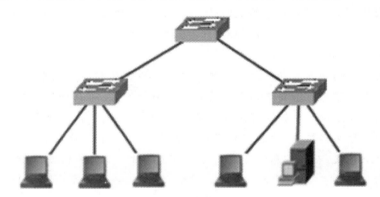

图 2.31　树形拓扑结构

优点：

a. 易于扩展，这种结构可以延伸出很多分支和子分支，这些新节点和新分支都易于加入网内；

b. 故障隔离较容易，如果某一分支的节点或线路发生故障，很容易将故障分支与整个系统隔离。

缺点：

各个节点对根的依赖性太大，如果根发生故障，则全网不能正常工作。从这一点来看，树形拓扑结构的可靠性有点类似于星形拓扑结构。

知识点

① IP 基础

IP 地址(IPv4 地址)由 32 位正整数来表示。IP 地址在计算机内部以二进制方式被处理。然而,由于我们并不习惯于采用二进制方式,我们将 32 位的 IP 地址以每 8 位为一组,分成 4 组,每组以"."隔开,再将每组数转换成十进制数。

IP 地址分为四个级别,分别为 A 类、B 类、C 类、D 类及 E 类(为将来使用保留)。它根据 IP 地址中从第 1 位到第 4 位的比特列对其网络标识和主机标识进行区分,如图 2.32 所示。

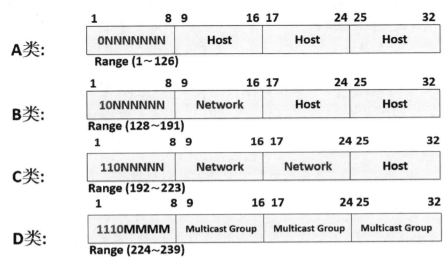

图 2.32　IP 地址

② A 类 IP 地址

一个 A 类 IP 地址由 1 个字节的网络地址和 3 个字节的主机地址组成,它主要是为大型网络而设计的,网络地址的最高位必须是"0",地址范围从 1.0.0.0 到 127.0.0.0。可用的 A 类网络有 127 个,每个网络能容纳 16777214 个主机。其中 127.0.0.1 是一个特殊的 IP 地址,表示主机本身,用于本地机器的测试。

注:A:0~127,其中 0 代表任何地址,127 为回环测试地址,因此,A 类 IP 地址的实际范围是 1.0.0.0~126.0.0.0,默认子网掩码为 255.0.0.0。

③ B 类 IP 地址

一个 B 类 IP 地址由 2 个字节的网络地址和 2 个字节的主机地址组成,网络地址的最高位必须是"10",地址范围从 128.0.0.0 到 191.255.255.255。可用的 B 类网络有 16382 个,每个网络能容纳 6 万多个主机。

注:B:128~191,其中 128.0.0.0 和 191.255.0.0 为保留 IP,实际范围是 128.1.0.0~191.254.0.0。

④ C 类 IP 地址

一个 C 类 IP 地址由 3 个字节的网络地址和 1 个字节的主机地址组成,网络地址的最高位必须是"110",范围从 192.0.0.0 到 223.255.255.255。C 类网络可达 209 万余个,每个网络能容纳 254 个主机。

注:C:192～223,其中 192.0.0.0 和 223.255.255.0 为保留 IP,实际范围是 192.0.1.0～223.255.254.0。

⑤ D 类 IP 地址

D 类 IP 地址用于多点广播(Multicast),它的第一个字节以"1110"开始,是一个专门保留的地址。它并不指向特定的网络,目前这一类地址被用在多点广播中。多点广播地址用来一次寻址一组计算机,它标识共享同一协议的一组计算机。224.0.0.0 到 239.255.255.255 用于多点广播。

⑥ E 类 IP 地址

以"11110"开始,为将来使用保留,实际范围从 240.0.0.0 到 255.255.255.254,255.255.255.255 用于广播地址。

全零("0.0.0.0")地址对应于当前主机。全"1"的 IP 地址("255.255.255.255")是当前子网的广播地址。

在分配 IP 地址时关于主机标识有一点需要注意,即用比特位表示主机地址时,不可以全部为 0 或全部为 1。因为全部为 0 只有在表示对应的网络地址或 IP 地址不可以获知的情况下才使用,而全部为 1 的主机地址通常作为广播地址。因此,在分配过程中,应该去掉这两种情况。这也是 C 类 IP 地址每个网段最多只能有 254 个主机地址的原因。

3. 配置以太网

根据网络拓扑结构图我们可以搭建物理环境,并且按照规划的 IP 地址进行以太网设置,实现多台电脑同网段连接,并测试 PC 端的相互通信。

(1) 配置 IP 地址

详见"任务 1.1　家庭办公网络"。

🤔思考 在同一个网段下,IP 地址可以重复吗? 如果重复的话有什么后果? 应该怎样正确分配 IP 地址?

(2) 用 ping 命令检测通信情况

① 在 PC1 电脑端,通过组合键"Win+R"打开【运行窗口】,输入"cmd"命令,并按回车键,打开【命令提示符窗口】(图 2.33)。

② 通过 PC1(192.168.3.30)ping PC2(192.168.3.31)的 IP 地址,统计信息为数据包发送 4,接收 4,丢失 0(图 2.34)。这说明两台电脑是相互通信的。通过同样的方法用 PC1 ping 其他的 PC 端,来依次检测是否能实现相互通信。

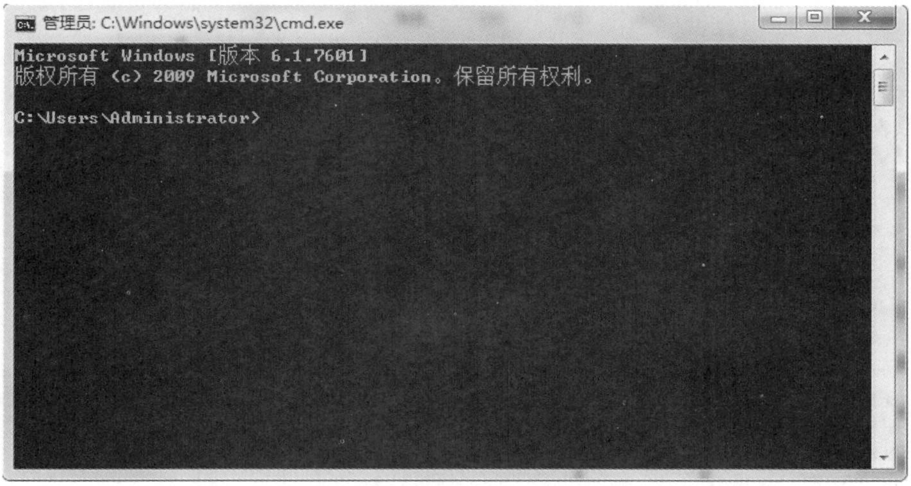

图 2.33 打开【命令提示符窗口】

图 2.34 通过 PC1 ping PC2

四、网络设备调试

我们通过搭建实际的物理环境进行网络的搭建及检查连通性,还可以通过虚拟模拟器进行环境的搭建并且完成网络的配置及网络连通性的测试。接下来让我们了解并熟悉思科模拟器的安装及汉化,熟悉模拟器软件各版块按钮的功能,认识模拟器中常见的网络设备及线缆,并且对网络设备进行正确的线缆连接及测试。

1. 思科软件的安装

（1）找到压缩包,单击鼠标右键选择解压缩到当前文件夹,如图 2.35 所示。

图 2.35　解压软件包

（2）解压完成如图 2.36 所示，选择思科安装程序，双击启动安装程序。

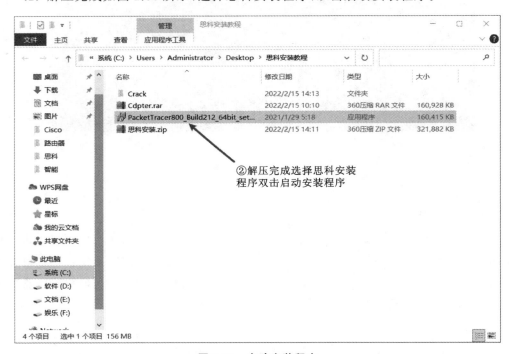

图 2.36　启动安装程序

（3）选择"我同意协议"，点击"下一步"，如图 2.37 所示。

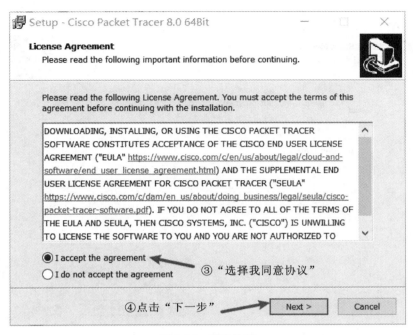

图 2.37 同意协议

（4）选择安装目录，单击"下一步"，如图 2.38 所示。

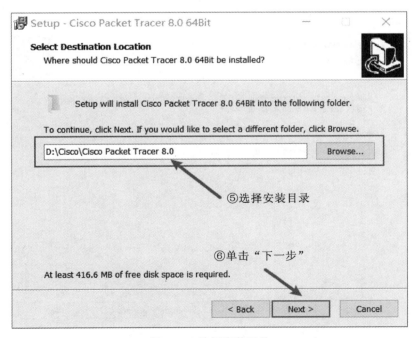

图 2.38 选择安装目录

（5）单击"下一步"，如图 2.39 所示。

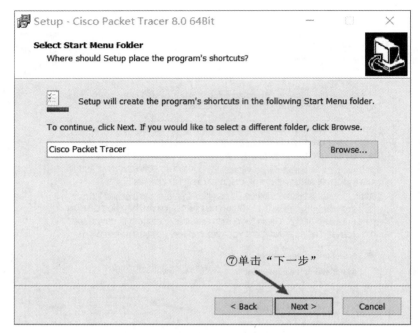

图 2.39　单击"下一步"

（6）继续单击"下一步"，如图 2.40 所示。

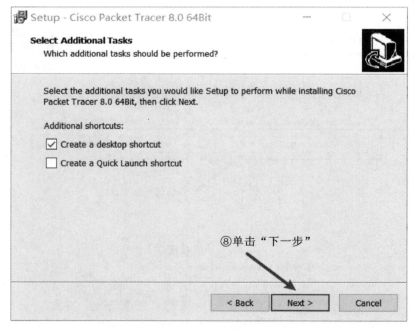

图 2.40　继续单击"下一步"

（7）单击"安装"，如图 2.41 所示。

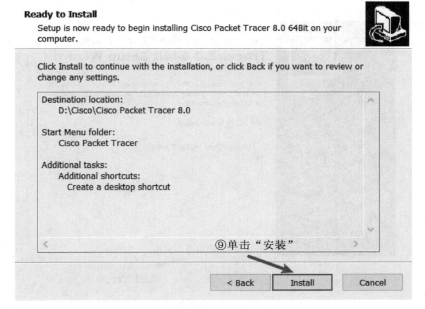

图 2.41 单击"安装"

（8）等待安装完成，如图 2.42 所示。

图 2.42 等待安装完成

（9）取消勾选后，点击"完成"按钮，如图 2.43 所示。

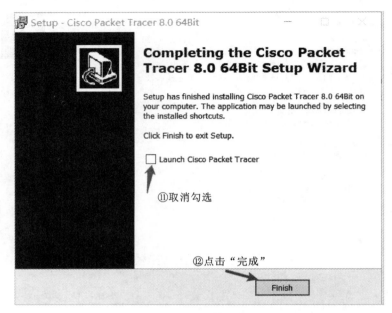

图 2.43　安装完成

（10）安装完成后，打开 Crack 文件夹，找到 Patch.exe 程序，双击启动，如图 2.44 所示。

图 2.44　找到 Patch.exe 程序，双击启动

（11）单击【PATCH】按钮后，单击弹出的对话框中的【是】按钮，如图 2.45 所示。

⑭单击PATCH按钮后
单击弹出对话框中的"是"按钮

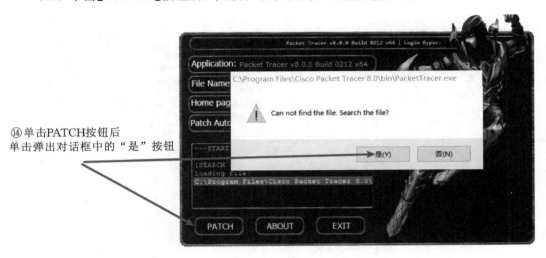

图 2.45　单击【是】按钮

（12）在弹出的对话框中选择"PacketTracer.exe"程序后单击【打开】按钮，如图 2.46
所示。

⑮在弹出的对话框中选择
"PacketTracer.exe"程序
后单击"打开"按钮

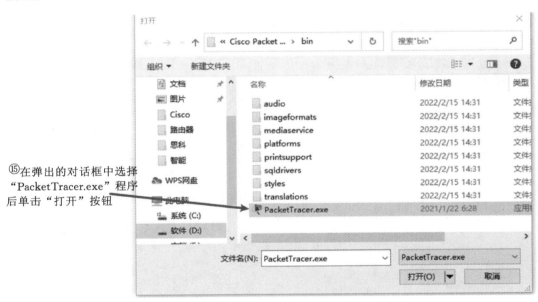

图 2.46　选择 PacketTracer.exe 程序，并打开

（13）单击【EXIT】按钮退出该程序，双击桌面上的思科图标启动思科程序，如图 2.47
所示。

（14）复制 Chinese.ptl 文件，如图 2.48 所示。

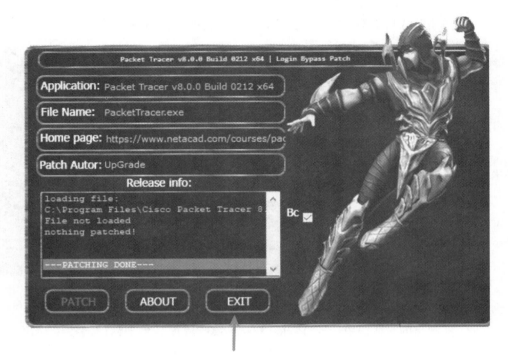

⑯单击【EXIT】按钮退出该程序，双击桌面上的思科图标
启动思科程序

图 2.47　启动思科程序

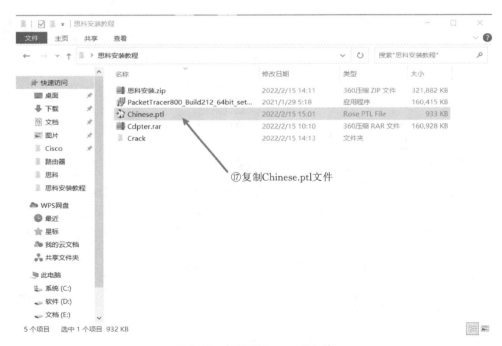

⑰复制Chinese.ptl文件

图 2.48　复制 Chinese.ptl 文件

（15）找到文件安装目录下的 languages 文件夹，将复制的 Chinese.ptl 文件粘贴到当前文件夹后，双击桌面的思科图标，再次启动思科程序，如图 2.49 所示。

图 2.49　粘贴文件后再次启动思科程序

（16）选择"Options"选项卡下的"Preferences"选项（或者使用"Ctrl＋R"快捷键），如图 2.50 所示。

图 2.50　选择 Preferences 选项

网络设备调试

（17）单击"Chinese.ptl"选项，然后单击【Change Language】按钮后重新启动思科程序，如图 2.51 所示。

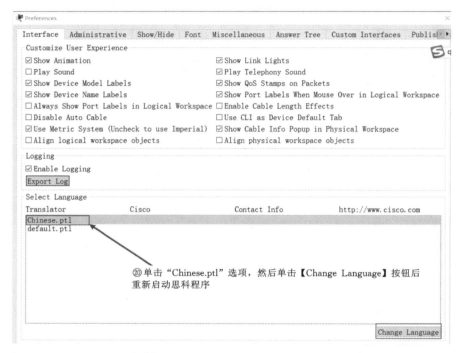

图 2.51　单击【Change Language】按钮后重新启动思科程序

2. 思科界面介绍

（1）思科模拟器主界面如图 2.52 所示。

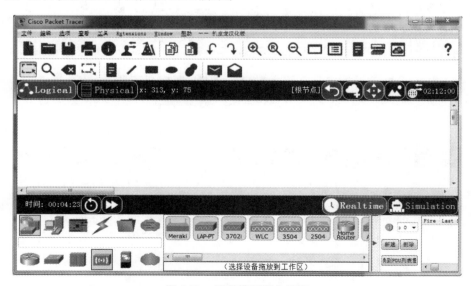

图 2.52　思科模拟器主界面

（2）在菜单栏区域可以进行新建、打开、保存、打印、复制、粘贴、撤销、重做、放大、缩小等常规操作，还可以设置软件信息，如图 2.53 所示。

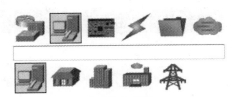

图 2.53　菜单栏区域

（3）设备区域常用的网络设备有电脑、交换机、路由器、防火墙、无线设备等，如图 2.54所示。

常用设备区域

终端设备

路由器

交换机

防火墙

图 2.54　设备区域常用的网络设备

（4）在视图区域（图 2.55）可以看到一些小按钮，它们的功能（从左至右）依次是：

图 2.55　视图区域

① 选择。可以将设备拖动到空白工作区中，或者选择线路进行设备之间的连接。

② 放大镜。单击需要查看的网络设备，可以查看设备路由表信息。

③ 删除。删除不需要的网络设备或者线路。

④ 区域划分。将网络拓扑逻辑性划分成小块，便于理解和思考。

⑤ 描述。添加对网络设备的描述或者添加问题描述。

（5）在网络设备的功能界面工作区中选择"路由器"选项。弹出一个界面如图 2.56 所示，上面有四种选项，分别是"Physical"（物理）、"Config"（配置）、"CLI"（命令）和"Attributes"（属性），交换机的功能界面和路由器的相差不大。

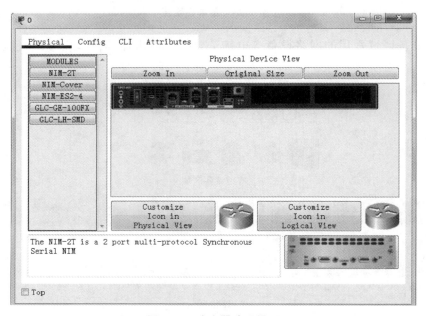

图 2.56　路由器选项界面

（6）在"Physical"选项中（图 2.57）可以自定义网络设备模块，如接口不够用，可以添

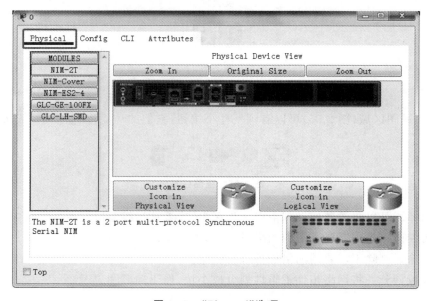

图 2.57　"Physical"选项

加。从左边的界面拖动网络接口模块到设备的空白区。拖动之前必须关闭设备电源，不能热插拔，安装完模块之后要打开电源。

（7）在"Config"选项中（图 2.58）可以为网络设备进行接口的 IP 地址设置、路由协议设置、配置文件备份、设备名称更改，但配置的内容是有限的。

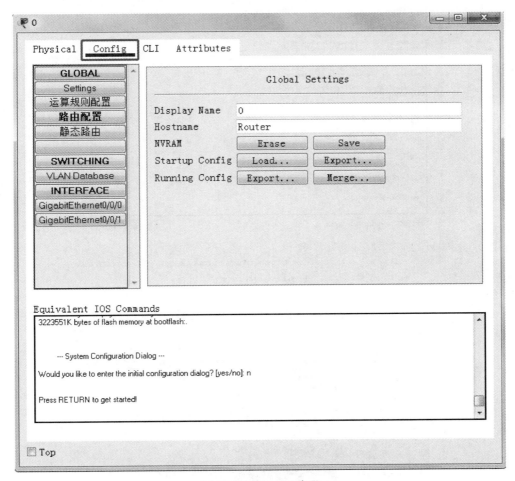

图 2.58　"Config"选项

（8）设备所有的配置命令都是在"CLI"选项中（图 2.59）完成的。

（9）进入电脑功能界面（图 2.60），在工作区中单击一台电脑设备，如 PC-PT。单击之后，弹出一个界面，上面有"Physical""Config""Desktop" "Programming"（程序设计）和"Attributes"（属性）选项。

（10）在"Config"选项界面中（图 2.61），可以为计算机进行接口 IP 地址设置、计算机名称更改等操作。

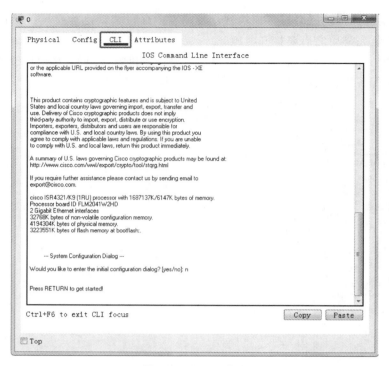

图 2.59 "CLI"选项

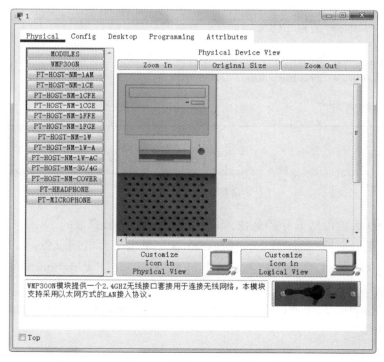

图 2.60 主机 Physical 界面

图 2.61　主机 Config 界面

（11）在"Desktop"选项界面中模拟的是真实电脑的桌面，如图 2.62 所示，可以为计算机设置 IP 地址、打开浏览器、打开命令提示符、设置超级终端和防火墙规则等。

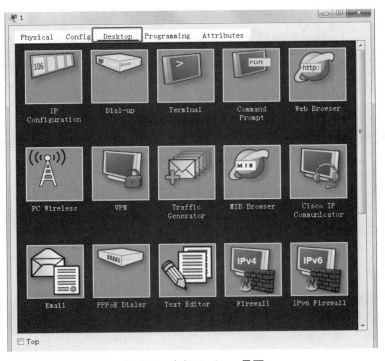

图 2.62　主机 Desktop 界面

（12）进入连接线区域，如图 2.63 所示。连接线根据实际网络拓扑结构要求进行配置，主要的连接线有 console 线、直连线、交叉线、光纤、电话线、同轴电缆、串口线 dce 端、串口线 dte 端、"八爪"线等。连接线根据实际网络拓扑结构自动配置。

图 2.63　连接线区域

3. 搭建小型办公网络基本虚拟模拟连接环境

下面将在模拟器上完成虚拟环境的搭建及调试。

（1）所需设备：PC 6 台，2960 交换机 1 台，网线 6 根。

（2）如图 2.1 所示搭建一个简单的交换式网络。

（3）规划设计各 PC 的 IP 地址、子网掩码、连接的端口、线缆等，如表 2.3 所示。

表 2.3　各 PC 的 IP 地址、子网掩码、连接的端口、线缆

PC	IP 地址	子网掩码	端口	线缆
PC1	192.168.3.30	255.255.255.0	f0/1	直通线
PC2	192.168.3.31	255.255.255.0	f0/2	直通线
PC3	192.168.3.32	255.255.255.0	f0/3	直通线
PC4	192.168.3.33	255.255.255.0	f0/4	直通线
PC5	192.168.3.34	255.255.255.0	f0/5	直通线
PC6	192.168.3.35	255.255.255.0	f0/6	直通线

（4）配置 PC 网络地址，如图 2.64 所示，以 PC0 为例，配置 PC0 的 IP 地址。

图 2.64　配置 PC 网络地址

配置其他 PC 的 IP 地址可采用相同的方法。

4.测试网络是否连通

在这里依旧可以采用 ping 命令检测网络的连通性,测试网络是否连通。

如图 2.65 所示,使用 PC2(192.168.3.32) ping PC1(192.168.3.31),发送 4 个数据包,接收 4 个数据包,丢失 0,使用 PC2(192.168.3.32)Ping PC5(192.168.3.35),发送 4 个数据包,接收 4 个数据包,丢失 0,说明网络连通。

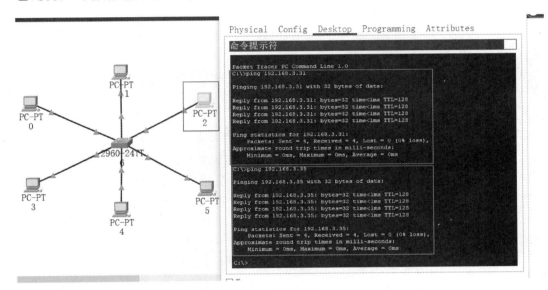

图 2.65　测试网络是否连通

故障排除:

(1)出现"输入命令错误"时,需要查看配置模式是否正确。

(2)网络不通时,要检查连接线是否正确,IP 地址配置是否正确。

五、局域网连接路由器

在一个局域网内再连接一个无线路由器使其实现上网功能。之前在任务 1.1 中我们学过如何将家庭局域网连接上网,那么对于小型办公环境来说,连接上网也很简单。现在只需在交换机上连接一个路由器,按照任务 1.1 所述配置路由器,设置电脑 IP 地址,并且确保 6 台电脑均与路由器在一个网段即可。具体步骤如下:

1.路由器线路连接

把从局域网的交换机上接出来的网线,插在路由器的 WAN 口。

2.设置电脑 IP 地址

(1)打开【控制面板】→【网络和共享中心】→【本地连接】→【属性】,如图 2.66 所示。

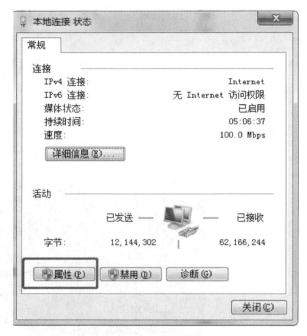

图 2.66　本地连接

（2）选择【Internet 协议版本 4（TCP/IPv4）】→【属性】，如图 2.67 所示。

图 2.67　【本地连接属性】面板

（3）选择【自动获取 IP 地址】，点击【确定】按钮，如图 2.68 所示。

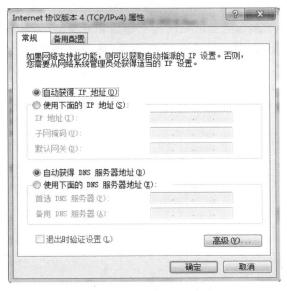

图 2.68 自动获取 IP 地址

3. 设置路由器上网（参照任务 1.1）。
4. 检查设置是否成功（参照任务 1.1，通过 ping 命令检测网络是否连通）。

任务 2.2 高效办公 组建局域网打印机共享

共享打印机是办公室局域网里最常用的做法，不仅有利于企业管理，而且可以节约成本。

知识目标

（1）掌握本地打印机和网络打印机的概念；
（2）学会设置网络打印机共享的基本方法。

技能目标

（1）掌握设置网络打印机的方法；
（2）掌握远程控制打印机的方法。

情感目标

（1）锻炼学生的动手操作能力；
（2）激发学生的学习兴趣；
（3）体验探索与创造的快乐。

 问题提出

任务 2.1 中,实现了多台电脑之间的相互通信和资源共享,提高了工作效率。公司考虑为研讨小组配备一台打印机,实现打印机共享,还要求可以通过远程桌面控制连接操作打印机。

 任务梳理

任务梳理见表 2.4。

表 2.4　任务梳理

硬件准备	电脑 7 台、2960 交换机 1 台、网络打印机、网线
软件准备	向日葵远程软件
	打印机驱动
设备的连接	
打印机驱动安装	

 实现步骤

组建局域网打印机共享实则是小型办公网络的优化升级。实现打印机共享的前提是 PC 在同一局域网内。在任务 2.1 的基础上,配置 PC7 网络地址为 192.168.3.36。如图 2.69所示,现在将 PC7 连接一台打印机并且在 PC7 上安装打印机驱动,在 PC7 设置打印机共享,使其他 6 台电脑能共享打印机。

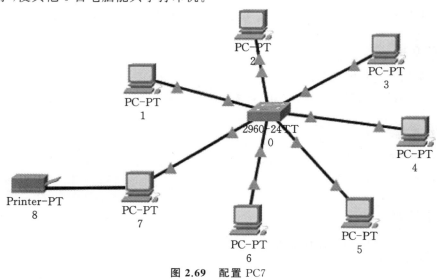

图 2.69　配置 PC7

一、打印机及网络的连接

1. 打印机连接电脑

（1）首先，将打印机数据线与 PC7 连接，打印机电源线连接排插，如图 2.70 所示。

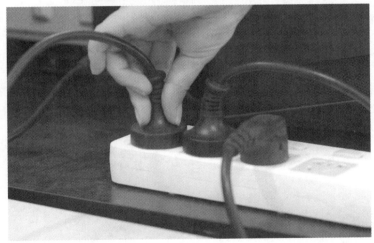

图 2.70　连接打印机数据线及电源线

（2）在 PC7 上按下"Win＋S"组合键，在搜索栏输入"控制面板"并点击进入，在查看方式小图标模式下点击【设备和打印机】，选择【添加打印机】，如图 2.71 至图 2.73 所示。

图 2.71　输入"控制面板"

图 2.72　点击【设备和打印机】

图 2.73 选择【添加打印机】

（3）选择【我所需的打印机未列出】，然后选择【使用 TCP/IP 地址或主机名添加打印机】，点击【下一步】，在文本框中输入打印机的 IP 地址，点击【下一步】，如图 2.74 至图 2.76 所示。

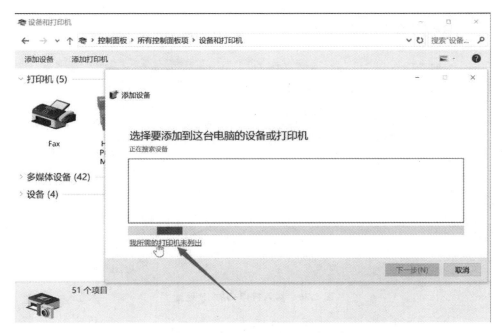

图 2.74 选择【我所需的打印机未列出】

图 2.75　选择【使用 TCP/IP 地址或主机名添加打印机】

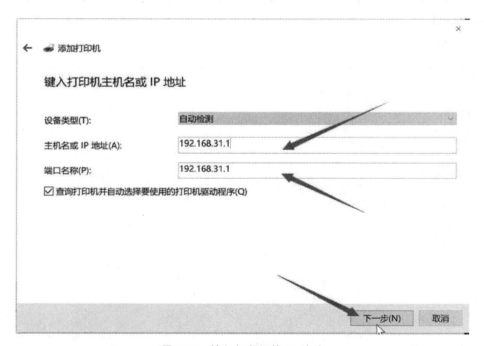

图 2.76　输入打印机的 IP 地址

（4）待检测 TCP/IP 端口完成后，点击【下一步】，待检测驱动程序型号完成后，选择打印机"厂商"和打印机"型号"，点击【下一步】，弹出对话框，使用默认设置即可，再点击【下一步】，如图 2.77 至图 2.79 所示。

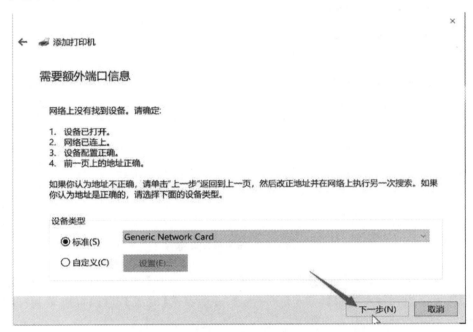

图 2.77　待检测 TCP/IP 端口完成后，点击【下一步】

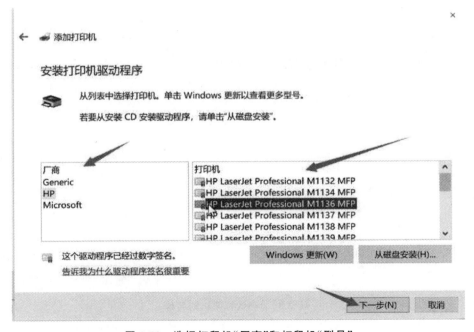

图 2.78　选择打印机"厂商"和打印机"型号"

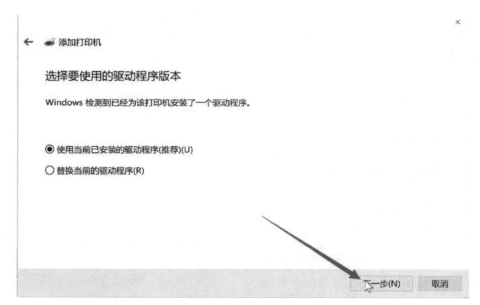

图 2.79　使用默认设置

（5）确认打印机的名称正确以后，点击【下一步】，选择【共享此打印机以便网络中的其他用户可以找到并使用它】，点击【下一步】，最后点击【完成】，返回可以看到打印机已添加成功，如图 2.80 至图 2.83 所示。

图 2.80　确认打印机的名称

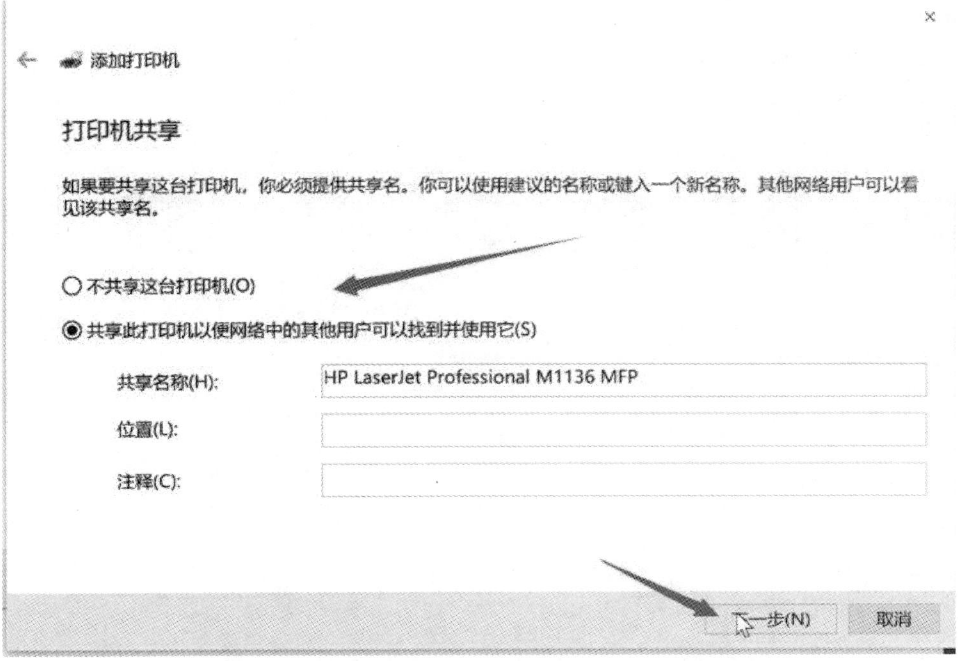

×

← 🖶 添加打印机

打印机共享

如果要共享这台打印机，你必须提供共享名。你可以使用建议的名称或键入一个新名称。其他网络用户可以看见该共享名。

○ 不共享这台打印机(O)

◉ 共享此打印机以便网络中的其他用户可以找到并使用它(S)

　　共享名称(H):　　HP LaserJet Professional M1136 MFP

　　位置(L):

　　注释(C):

下一步(N)　　取消

图 2.81　选择【共享此打印机以便网络中的其他用户可以找到并使用它】

×

← 🖶 添加打印机

你已经成功添加 HP LaserJet Professional M1136 MFP

☐ 设置为默认打印机(D)

若要检查打印机是否正常工作，或者要查看打印机的疑难解答信息，请打印一张测试页。

打印测试页(P)

完成(F)　　取消

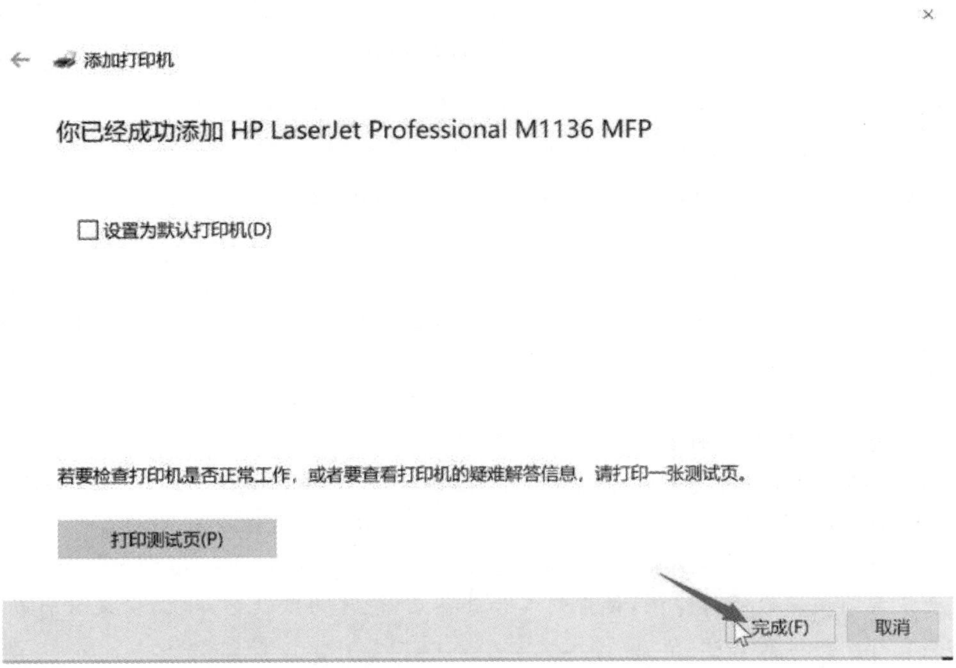

图 2.82　点击【完成】

图 2.83　打印机已添加成功

拓展 ((·

（1）打印机驱动的安装

根据打印机的品牌及型号，在该品牌官网搜索该打印机型号的驱动，下载后进行安装即可。

（2）打印机共享方法二

① 首先将连接到打印机的电脑进行打印机共享设置，打开这台电脑的控制面板，单击【硬件和声音】→【查看设备和打印机】，如图 2.84 所示。

② 在将要共享的打印机图标上单击鼠标右键，将这台打印机设置为默认打印机后，再次点击进入【打印机属性】框，如图 2.85 所示。

③ 进入【打印机属性】框后，点击【共享】按钮，进入共享页面设置。在共享设置页面，勾选"共享这台打印机"选项，并填写共享名，然后单击【确定】，图 2.86 所示。

④ 局域网内的其他电脑在【控制面板】的【设备和打印机】页面点击添加打印机，电脑会自动搜索局域网内的打印机，搜索到本台设备后，设置为默认打印机，安装好驱动便可使用本台打印机进行打印。

图 2.84　点击【查看设备和打印机】

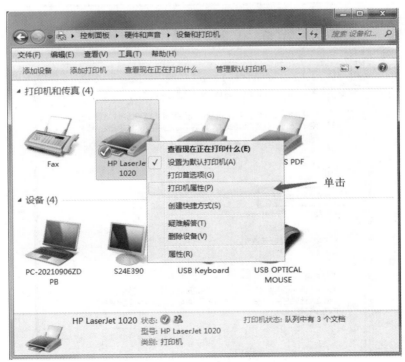

（a）

（b）

图 2.85　选择【打印机属性】

图 2.86　共享打印机

2. 网络的连接

详见"任务 2.1　小型办公网络的组建与管理"。

思考　假如其中一台电脑没有设置添加共享的打印机设备，能不能实现打印机共享呢？

二、电脑远程登录打印

在同一局域网内，如果 PC1 没有添加 PC7 共享的打印机设备，同样可以实现打印机共享。

1. 通过 Windows 自带远程桌面连接进行远程办公

远程桌面连接设置步骤如下：

（1）在 PC7 上点击【开始】→【控制面板】，找到用户帐户，点击进入后为当前用户账户创建密码，输入密码后点击【创建密码】即可，如图 2.87、图 2.88 所示。

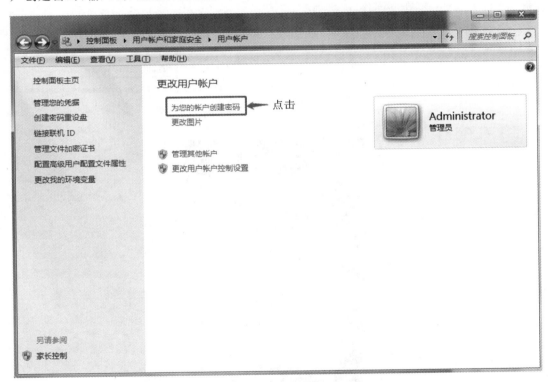

图 2.87　点击【为您的账户创建密码】

（2）在 PC7 桌面上找到【我的电脑】图标，在【我的电脑】图标上单击鼠标右键，选择【属性】，单击【远程设置】，如图 2.89、图 2.90 所示。

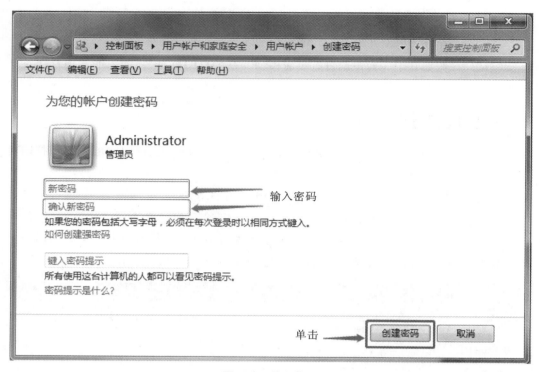

图 2.88　输入密码

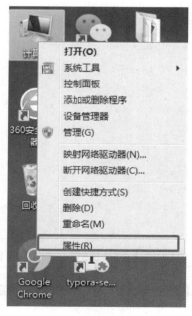

图 2.89　选择【属性】

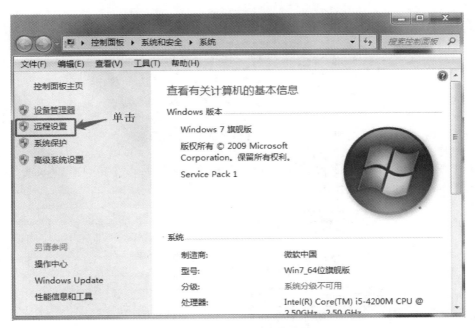

图 2.90　点击【远程设置】

（3）这时会弹出【系统属性】窗口，找到最后一个名叫【远程】的选项卡，勾选"允许远程协助连接这台计算机"，点击"远程桌面"中的"允许运行任意版本远程桌面的计算机连接"时会弹出一个【远程桌面】的对话框，点击【确定】即可，最后点击【应用】按钮及【确定】按钮，如图 2.91 所示。

（a）

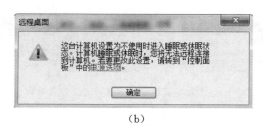

(b)

图 2.91　允许远程协助连接这台计算机

（4）在 PC1 上进行设置，直接按"Win＋R"快捷键调出运行小窗口，输入远程桌面连接命令"mstsc"，如图 2.92 所示。

图 2.92　输入远程桌面连接命令"mstsc"

（5）输入远程桌面命令"mstsc"之后，按回车键或者点击底部的【确定】按钮即可打开【远程桌面连接】对话框，输入远程电脑或者服务器 IP 地址，然后点击【连接】即可，如图 2.93 所示。

图 2.93　连接远程桌面

（6）连接之后（如果提示"是否连接"，选【是】），会看到一个登录的窗口，输入目标 PC7 的用户名和密码，然后单击【确定】就可以看到 PC7 的桌面了。此时即可在 PC1 上远程操控，将打印文件复制粘贴到 PC7 进行打印，如图 2.94、图 2.95 所示。

图 2.94　输入用户名和密码

图 2.95　远程操控 PC7

这种远程连接的方法,PC1 操作 PC7 时,PC7 是不可以看到 PC1 的操作的,所以 PC7 加密工作要做好,账户、密码不能随便泄露。

某公司的小明希望小杨远程调试服务器,但是小杨因受疫情影响居家办公,那如何实现小明的需求呢?

2. 通过第三方软件远程控制进行远程办公

(1) 首先,需要在小杨、小明电脑上都安装向日葵远程控制软件(官方网站:https:// sunlogin.oray.com/default)。

（2）安装完毕后双方都需要打开向日葵软件,小杨需要在控制远程设备的"伙伴识别码"中输入小明的设备识别码。验证码可以选填,然后点击【远程协助】,这时等待小明被控制端点击【同意控制】,即可实现远程操控,如图 2.96、图 2.97 所示。

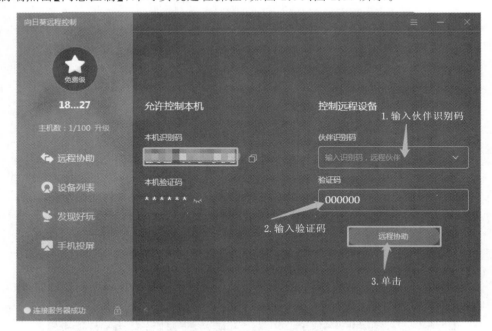

图 2.96　设置远程控制

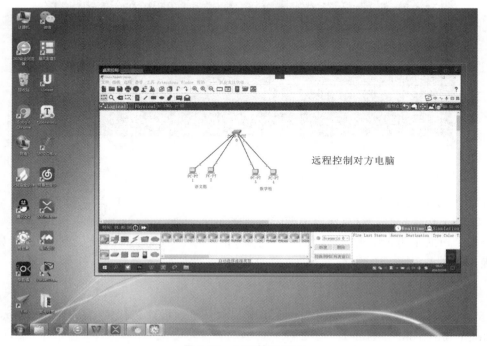

图 2.97　远程控制界面

🕐 **温馨提示**　为了个人信息安全,避免重要资料丢失,不要轻易泄露自己远程控制账号和密码,免验证码登录或者固定验证码登录也是禁忌。

　　拓展 (((　　手机远程打印

　　使用手机、iPad 安装 Epson iPrint(Ver 5.0 及以上版本)程序实现远程打印,操作方法如下(本文以 iPhone XR 为例说明,如图 2.98 所示):

　　(1) 点击(https://www1.epson.com.cn/Wirelesssolution/printer/iPrint.html)下载 Epson iPrint 软件。

　　(2) 打开 Epson iPrint 软件,点击上方【选择打印机】按钮,选择【远程】,点击左下方【添加】按钮,点击【是】,在上方输入框中输入打印机邮箱地址,然后点击【完成】,等待连接成功后,即可使用。

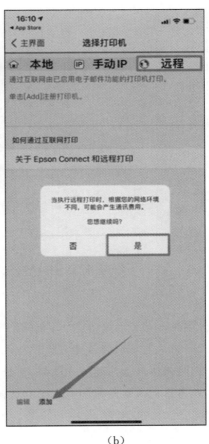

(a)　　　　　　　　　　(b)

（c）　　　　　　　　　　　　（d）

图 2.98　手机远程打印

微型企业网络设置案例总结

随着科学技术的不断发展,计算机正朝着数字化、多媒体化、网络化方向发展,办公系统也从原始用笔与纸的记录方式逐步转化为无纸化方式,加上邮政综合计算机网络的不断完善,利用网络技术组建一个高效、快捷、安全的办公环境可节约各部门的硬件资源投资,可实现网络的远程访问和网内用户之间的交流。组建办公局域网已成为一种不可抗拒的趋势。

通过本章的学习组建了小型办公网络,并且达到了网络共享及打印机共享的目的。在本章的学习中,我们了解到同等设备连接时所需网线类型,并且掌握了制作网线的方法;掌握了网络拓扑结构的优缺点以及交换机的选取,同时还学到了如何使用思科模拟器搭建网络环境,并且根据网络拓扑结构图进行网络环境的搭建。最后,熟练掌握了打印机共享设置方法,并且找到了实现远程控制办公的方法。

习　题　二

1. 按照网络的作用范围来分,可以分成(　　　)、(　　　)、(　　　)三种。

2. 局域网在网络传输介质上主要采用了(　　　)、(　　　)、(　　　)进行传输。

3. ISO 的 OSI 参考模型自高到低分别是(　　　)、(　　　)、(　　　)、(　　　)、(　　　)、(　　　)和(　　　)。

4. IPv4 地址共占用(　　　)个二进制位,一般是以 4 个(　　　)进制数来表示。

5. 局域网在网络拓扑结构上主要采用了(　　　)、(　　　)、(　　　)和(　　　)结构。

6. 目前,家庭网络通常采用(　　　)和(　　　)方式接入 Internet。

7. 在网络中使用交换机代替集线器的原因是(　　　)。

A.减少冲突　　　　B.隔绝广播风暴　　　C.提高带宽率　　　D.降低网络建设成本

8. 在地址 219.25.23.56 的默认子网掩码中有多少位?(　　　)

A.8　　　　　　　B.16　　　　　　　　C.32　　　　　　　D.无法确定

9. 在 Windows 2003 中,使用哪个命令可以看到本机网卡的 MAC 地址?(　　　)

A.arp-a　　　　　B.netstat-n　　　　　C.ipconfig /all　　D.ipconfig /renw

10. 检查网络连通性的命令是(　　　)。

A.ipconfig　　　　B.route　　　　　　C.telnet　　　　　D.ping

11. 在 OSI 参考模型中,网桥实现互联的层次为(　　　)。

A.物理层　　　　　B.数据链路层　　　C.网络层　　　　　D.传输层

12. 在组建网吧时,通常采用(　　　)网络拓扑结构。

A.总线型　　　　　B.星形　　　　　　C.树形　　　　　　D.环形

13. 从理论上讲,100BaseTX 星形网络最大的距离为(　　　)m。

A.100　　　　　　B.200　　　　　　　C.205　　　　　　D.305

14. 制作双绞线的 T568B 标准的线序是(　　　)。

A.橙白,橙,绿白,绿,蓝白,蓝,棕白,棕

B.橙白,橙,绿白,蓝,蓝白,绿,棕白,棕

C.绿白,绿,橙白,蓝,蓝白,橙,棕白,棕

D.以上线序都不正确

15.使用特制的跨接线进行双机互联时,以下哪种说法是正确的?(　　　)

A.两端都使用 T568A

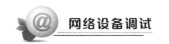

B.两端都使用 T568B

C.一端使用 T568A 标准,另一端使用 T568B 标准

D.以上说法都不对

16.某单位的网络管理人员,需要在某一分支办公室内铺设一个小型以太局域网,总共有 4 台 PC 机需要通过一台集线器连接起来。若采用的线缆类型为 5 类双绞线,则理论上任意两台 PC 机的最大间隔距离是(　　)。

A.400 m　　　　　B.100 m　　　　　C.200 m　　　　　D.500 m

知 识 拓 展

保证电脑的安全需要电脑防火墙,但是很多人却不会打开或者关闭防火墙,那么电脑防火墙在哪里设置呢?一起来看看吧。

一、方法一

(1)进入【控制面板】,如图 2.99 所示。

图 2.99　进入【控制面板】

（2）找到并点击【查看网络状态和任务】，如图 2.100 所示。

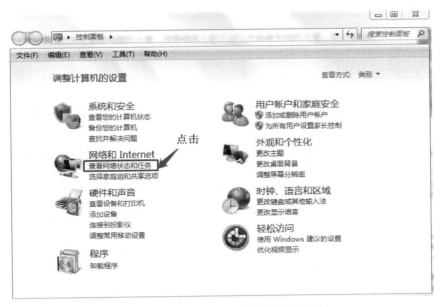

图 2.100　点击【查看网络状态和任务】

（3）找到并点击【Windows 防火墙】，如图 2.101 所示。

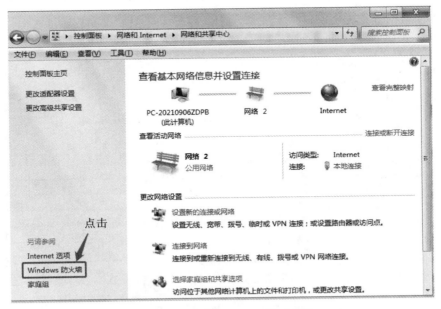

图 2.101　点击【Windows 防火墙】

（4）找到并点击【打开或关闭 Windows 防火墙】，如图 2.102 所示。

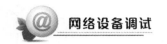

图 2.102　找到并点击【打开或关闭 Windows 防火墙】

温馨提示，未打开防火墙功能时，计算机会显示"Windows 防火墙未使用推荐的设置来保护计算机"，且盾牌显示的是红色，Windows 防火墙状态为"关闭"，如图 2.103 所示。

图 2.103　Windows 防火墙未开启

项目 2 微型企业网络设置

（5）选择"家庭或工作（专用）网络位置设置"及"公用网络位置设置"的【启用 Windows 防火墙】选项，最后点击【确定】按钮，如图 2.104 所示。

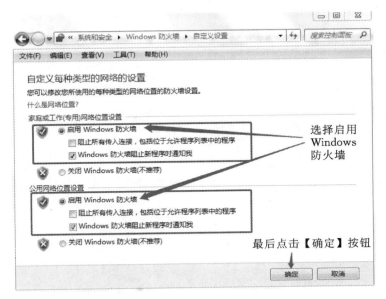

图 2.104 启用 Windows 防火墙

（6）如图 2.105 所示，Windows 防火墙状态为"启用"，盾牌呈绿色。

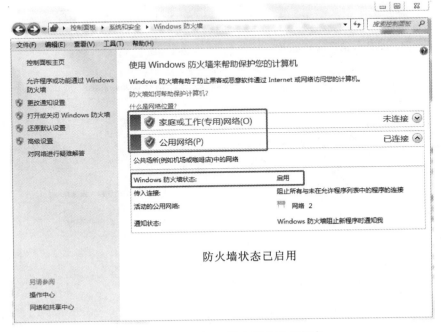

图 2.105 Windows 防火墙的启用状态

二、方法二

方法一中步骤(1)~(3)相同,第(3)步完成以后点击【使用推荐设置】,同样可以达到手动开启防火墙功能的效果,如图 2.106 所示。

（a）

（b）

图 2.106　使用推荐设置启用 Windows 防火墙

知识 点　电脑防火墙是什么？

如果把电脑比作小区，电脑防火墙就是小区大门口的安保人员。它可以帮助电脑过滤掉不必要的网络进出。电脑防火墙就是一个网络访问的过滤器。无论是我们用电脑上网，还是有人想偷偷访问你的电脑，都需要经过这个过滤器。

防火墙的作用：

防火墙可及时发现并处理计算机网络运行时可能存在的安全风险、数据传输等问题，其中处理措施包括隔离与保护，同时可对计算机网络安全当中的各项操作实施记录与检测，以确保计算机网络运行的安全性，保障用户资料与信息的完整性，为用户提供更好、更安全的计算机网络使用体验。

防火墙的功能：

防火墙对流经它的网络通信进行扫描，这样能够过滤掉一些攻击，以免其在目标计算机上被执行。防火墙还可以关闭不使用的端口，能禁止特定端口的流出通信，封锁木马病毒，可以禁止来自特殊站点的访问，从而防止来自不明入侵者的所有通信。主要功能为：网络安全的屏障、强化网络安全策略、监控审计、防止内部信息的外泄、日志记录与事件通知。

项目 3　中型企业网络设置

任务 3.1　不同部门之间的网络隔离

 知识目标

（1）了解二层交换机划分 vlan 的方法；

（2）熟悉 vlan 的验证方法；

（3）知道网络故障的诊断及排除方法。

技能目标

（1）能够完成网络拓扑结构图的连接；

（2）能够熟悉并掌握交换机的配置；

（3）会判断网络故障。

 情感目标

（1）具有追求完美、精益求精的专注精神；

（2）具有发现问题、解决问题的能力；

（3）具有团结合作的精神。

问题提出

学校有两个教研组位于同一楼层，一个是语文组，一个是数学组，两个组的信息端口都连接在交换机上。学校已经为楼层分配了地址段，现在想使语文组和数学组的数据既互不干扰，也不影响各自的通信效率。那么，该怎样去实现不同部门之间的网络隔离？

任务梳理

网络隔离任务梳理见表 3.1。

表 3.1　网络隔离任务梳理

硬件准备	2960 交换机 1 台、PC 4 台、网线 4 根、console 线 1 根
应用软件	思科软件
网络配置	
ACL 访问控制列表	

实现步骤

某学校有两个教研组位于同一楼层,一个语文组、一个数学组,两个组的信息端口在同一交换机上。学校已经为楼层分配了地址段,现将连接起来的网络划分为两个 vlan,使语文组与数学组进行相互隔离,同时各组内可以相互访问。

1．连接网络设备

(1) 首先使用相应的网线对各个设备进行物理连接,如图 3.1 所示。

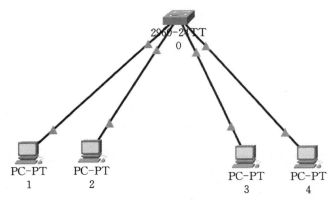

图 3.1　网络设备连接图

(2) 通过划分 vlan 使语文组、数学组之间相互隔离,在交换机上划分两个基于端口的 vlan(vlan10、vlan20),如表 3.2 所示。

表 3.2　划分 vlan

vlan	端口成员
10	1～8
20	9～16

通过以上操作使得交换机上的语文组之间能够相互访问,数学组之间能够相互访问,且语文组与数学组之间不能互访,如图 3.2 所示。

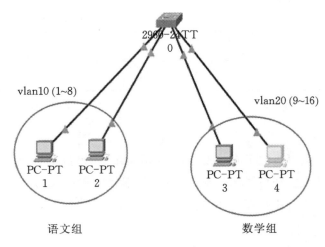

图 3.2　不同部门之间的网络隔离

2. 配置 PC 网络参数

给 PC 端配置 IP,如表 3.3 所示。

表 3.3　配置 IP

PC	IP 地址	子网掩码
PC1	192.168.1.1	255.255.255.0
PC2	192.168.1.2	255.255.255.0
PC3	192.168.1.3	255.255.255.0
PC4	192.168.1.4	255.255.255.0

所需设备:2960 交换机 1 台、PC 4 台、网线 4 根,console 线 1 根。

3. 项目实施

(1)链接网络设备

网络拓扑结构图,见图 3.1。

(2)配置 IP 地址

① 配置 PC1 网络地址,如图 3.3 所示。

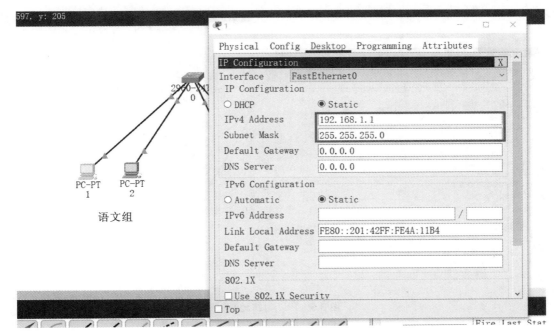

图 3.3　PC1 网络地址

② 配置 PC2 网络地址,如图 3.4 所示。

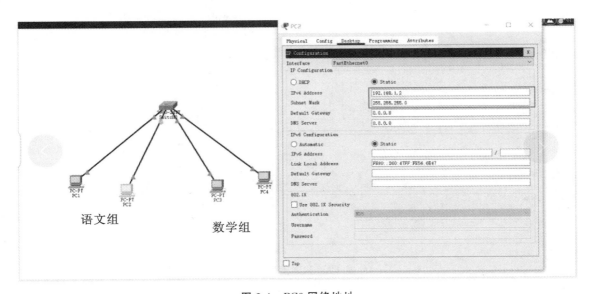

图 3.4　PC2 网络地址

③ 配置 PC3 网络地址,如图 3.5 所示。

④ 配置 PC4 网络地址,如图 3.6 所示。

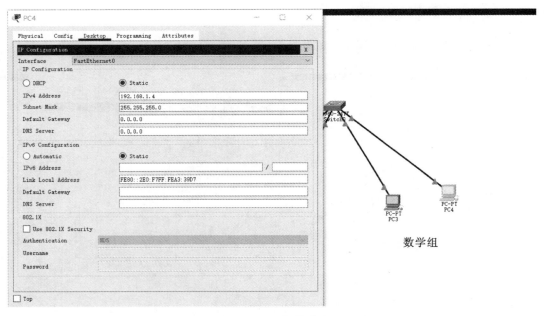

图 3.5　PC3 网络地址

图 3.6　PC4 网络地址

（3）执行 ping 命令测试结果

PC1 端 ping PC2 端，结果如图 3.7 所示。

PC1 端 ping PC3 端，结果如图 3.8 所示。

```
C:\>ping 192.168.1.2

Pinging 192.168.1.2 with 32 bytes of data:

Reply from 192.168.1.2: bytes=32 time=1ms TTL=128
Reply from 192.168.1.2: bytes=32 time<1ms TTL=128
Reply from 192.168.1.2: bytes=32 time<1ms TTL=128
Reply from 192.168.1.2: bytes=32 time<1ms TTL=128

Ping statistics for 192.168.1.2:
    Packets: Sent = 4, Received = 4, Lost = 0 (0% loss),
Approximate round trip times in milli-seconds:
    Minimum = 0ms, Maximum = 1ms, Average = 0ms
```

图 3.7　PC1 端 ping PC2 端测试结果

```
C:\>ping 192.168.1.3

Pinging 192.168.1.3 with 32 bytes of data:

Reply from 192.168.1.3: bytes=32 time<1ms TTL=128
Reply from 192.168.1.3: bytes=32 time<1ms TTL=128
Reply from 192.168.1.3: bytes=32 time=4ms TTL=128
Reply from 192.168.1.3: bytes=32 time<1ms TTL=128

Ping statistics for 192.168.1.3:
    Packets: Sent = 4, Received = 4, Lost = 0 (0% loss),
Approximate round trip times in milli-seconds:
    Minimum = 0ms, Maximum = 4ms, Average = 1ms
```

图 3.8　PC1 端 ping PC3 端测试结果

PC1 端 ping PC4 端，结果如图 3.9 所示。

```
C:\>ping 192.168.1.4

Pinging 192.168.1.4 with 32 bytes of data:

Reply from 192.168.1.4: bytes=32 time<1ms TTL=128
Reply from 192.168.1.4: bytes=32 time<1ms TTL=128
Reply from 192.168.1.4: bytes=32 time<1ms TTL=128
Reply from 192.168.1.4: bytes=32 time<1ms TTL=128

Ping statistics for 192.168.1.4:
    Packets: Sent = 4, Received = 4, Lost = 0 (0% loss),
Approximate round trip times in milli-seconds:
    Minimum = 0ms, Maximum = 0ms, Average = 0ms
```

图 3.9　PC1 端 ping PC4 端测试结果

结果验证综合如表 3.4 所示。

表 3.4　结果验证

设备 1	ping	设备 2
PC1	通	PC2
PC2	通	PC3
PC1　PC2	通	PC3　PC4

由 ping 命令结果可以得知,PC1 与 PC2、PC3、PC4 都是连通状态,也就是四台计算机处于同一局域网下。但是项目要求语文组之间能够相互访问,数学组之间能够相互访问,且语文组与数学组之间不能互访,所以此时要将 PC1、PC2 与 PC3、PC4 进行网络隔离,进行网段的划分。

将网段进行划分,首先需要进行交换机配置,接下来我们一起学习交换机基本操作。

(4)交换机基本操作

① 首先进入交换机配置界面,如图 3.10 所示。

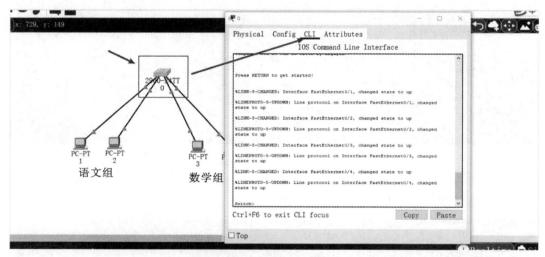

图 3.10　交换机配置界面

② 划分两个 vlan(vlan10、vlan20),如图 3.11 所示。

```
Switch>enable
Switch#config
Configuring from terminal, memory, or network [terminal]?
Enter configuration commands, one per line. End with CNTL/Z.
Switch(config)#vlan 10
Switch(config-vlan)#exit
Switch(config)#vlan 20
Switch(config-vlan)#exit
Switch(config)#
```

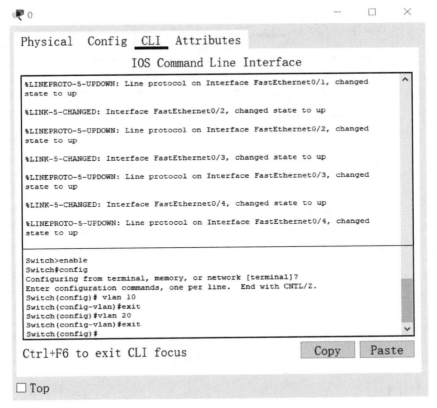

图 3.11　划分 vlan10、vlan20

③ 添加端口,如图 3.12 所示。

将 1~8 端口添加到 vlan10,9~16 端口添加到 vlan20。

```
Switch(config)#interface range fa0/1-fa0/8
Switch(config-if-range)#exit
Switch(config)#interface range fa0/1-fa0/8
Switch(config-if-range)#switchport access vlan 10
Switch(config-if-range)#exit
Switch(config)#interface range fa0/9-fa0/16
Switch(config-if-range)#switchport access vlan 20
Switch(config-if-range)#
```

④ 测试结果

a.执行 show 命令查看配置结果,show 命令查看 vlan,如图 3.13 所示。

```
Switch#show vlan
```

如图 3.14 所示,重新将语文组的 PC 端连接至交换机的 1~8 端口,将数学组的 PC 端连接至交换机的 9~16 端口,完成不同部门之间的网络隔离。

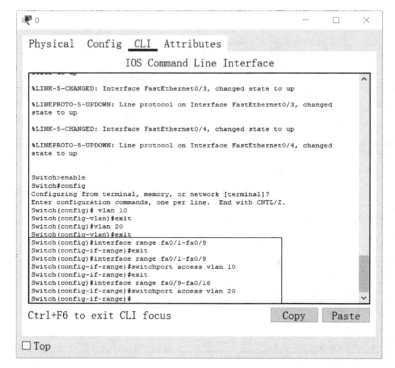

图 3.12　添加端口

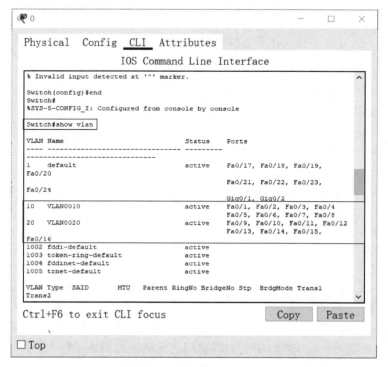

图 3.13　查看 vlan 配置结果

b. 使用 PC2 ping PC4 的测试,如图 3.14 所示。

　　Ping 192.168.1.4

图 3.14　测试 vlan 后结果

⑤ 故障排除

a. 检查连线是否正确。

b. 查看 PC 网络地址是否正确。

c. 执行 show running-config 命令查看配置序列。

d. 执行 show vlan 命令查看 vlan 配置。

拓展

(1) 三层交换机基本操作:公司有一台三层交换机,现需要测试该交换机的三层功能是否正常工作。所需设备:3560 交换机 1 台、PC 1 台、直通线。

① 网络连接设置,如图 3.15 所示。

② 配置 PC 端 IP 地址,如图 3.16 所示。

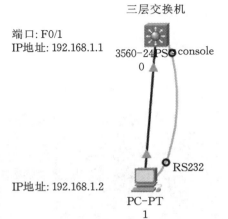

图 3.15　三层交换机连接

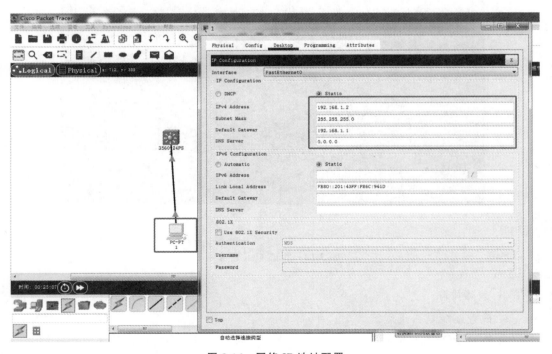

图 3.16　网络 IP 地址配置

③ 配置交换机,如图 3.17 所示。

```
Switch> enable   //启用交换机
Switch#config t
Switch(config)#ip routing   //开启路由功能
Switch(config)#interface fastethernet 0/1
Switch(config-if)#no switchport   //该端口启用三层路由功能
```

```
Switch(config-if)#ip address 192.168.1.1 255.255.255.0   //配置IP地址
Switch(config-if)#no shutdown   //开启端口
Switch(config-if)#end   //结束
Switch#
```

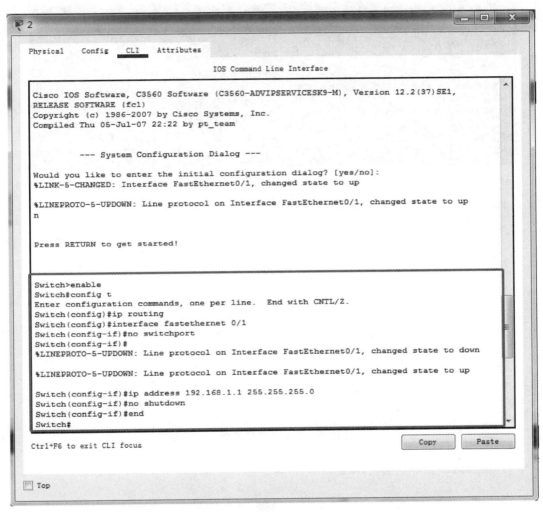

图 3.17 交换机配置

④ 测试结果

执行 ping 命令,进行测试,如图 3.18 所示。

⑤ 故障排除

检查连线是否正确;查看 PC 网络地址是否正确;执行 show running-config 命令查看配置序列。

(2)利用三层交换机的路由功能固定 IP 地址的方法实现不同 vlan 之间连通,写出

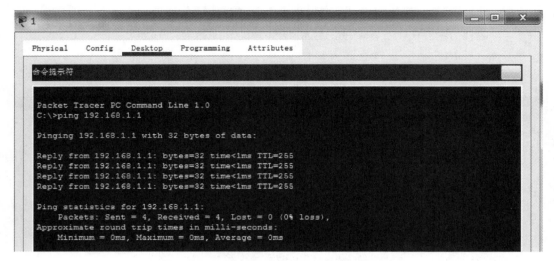

图 3.18　PC 和三层交换机之间的连通性测试

交换机的配置命令,如图 3.19 所示。

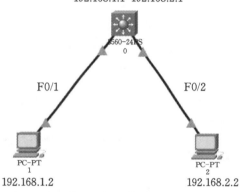

图 3.19　交换机配置命令

① 画出网络拓扑结构图,如图 3.20 所示。

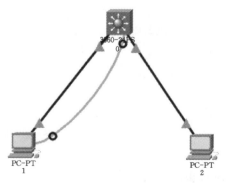

图 3.20　网络拓扑结构图

② 配置网络地址,如图 3.21 和图 3.22 所示。

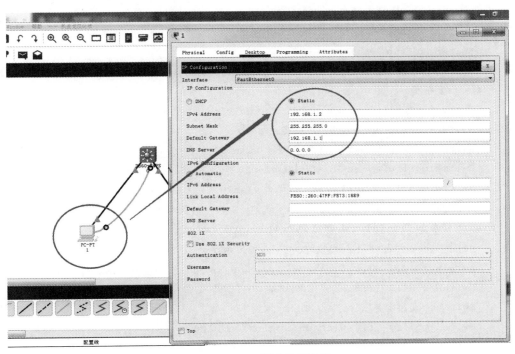

图 3.21　PC1 配置网络地址

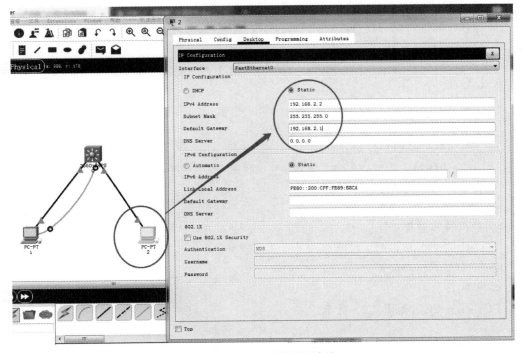

图 3.22　PC2 配置网络地址

③ 配置三层交换机。

a.创建 vlan10、vlan20。

```
Switch>enable
Switch#config
Configuring from terminal, memory, or network [terminal]?    // 出现此句时按回
车键 enter 即可
Enter configuration commands, one per line. End with CNTL/Z.
Switch(config)#vlan 10    //创建 vlan10
Switch(config-vlan)#exit    //退出 vlan10
Switch(config)#vlan 20    //创建 vlan20
Switch(config-vlan)#exit    //退出 vlan20
Switch(config)#
```

b.端口 1 添加到 vlan10,端口 2 添加到 vlan20。

```
Switch(config)#interface f0/1    //进入端口 1
Switch(config-if)#switchport access vlan 10    // 将端口 1 添加到 vlan10
Switch(config-if)#exit    //退出端口 1
Switch(config)#interface f0/2
Switch(config-if)#switchport access vlan 20
Switch(config-if)#exit
Switch(config)#
```

c. 配置 vlan 地址。

```
Switch(config)#interface vlan 10    //进入 vlan10
Switch(config-if)#
Switch(config-if)#ip address 192.168.1.1 255.255.255.0    //修改默认网关、子网
掩码
Switch(config-if)#exit
Switch(config)#interface vlan 20
Switch(config-if)#
Switch(config-if)#ip address 192.168.2.1 255.255.255.0
Switch(config-if)#exit
Switch(config)#
```

d. 启用路由功能。

```
Switch(config)#ip routing
Switch(config)#
```

e. 测试。

PC1 ping PC2,如图 3.23 所示。

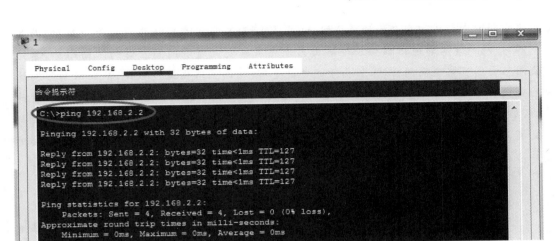

图 3.23 PC1 ping PC2

知识点

1. 交换机的工作原理

交换机工作于 OSI 参考模型的第二层,即数据链路层。交换机内部的 CPU 在每个端口成功连接时,通过将 MAC 地址和端口对应,形成一张 MAC 表。在今后的通信中,发往该 MAC 地址的数据包将仅送往其对应的端口,而不是所有的端口。因此,交换机可用于划分数据链路层广播(冲突域),但它不能划分网络层广播(广播域)。

交换机拥有一条很高带宽的背部总线和内部交换矩阵。交换机的所有端口都挂接在这条背部总线上,控制电路收到数据包以后,处理端口会查找内存中的地址对照表以确定目的 MAC(网卡的硬件地址)的 NIC(网卡)挂接在哪个端口上,通过内部交换矩阵迅速将数据包传送到目的端口,若目的 MAC 不存在,则广播到所有的端口,接收端口回应后交换机会"学习"新的 MAC 地址,并把它添加到内部 MAC 地址表中。使用交换机也可以把网络"分段",通过对照 IP 地址表,交换机只允许必要的网络流量通过交换机。通过交换机的过滤和转发,可以有效减少冲突域,但它不能划分网络层广播。

2. 三层交换机的路由功能

(1) 简介

三层交换机就是具有部分路由器功能的交换机,工作在 OSI 网络标准模型的第三层——网络层。三层交换机最重要的目的是加快大型局域网内部的数据交换,所具有的路由功能也是为这个目的服务的,能够做到一次路由,多次转发。

数据包转发等规律性的过程由硬件高速实现,而像路由信息更新、路由表维护、路由计算、路由确定等功能由软件实现。

(2) 应用背景

出于安全和管理方便的考虑,为了减小广播风暴的危害,必须把大型局域网按功能或地域等因素划成一个个小的局域网,这就使 VLAN 技术在网络中得以大量应用,而各个不同 VLAN 间的通信都要经过路由器来完成转发。随着网间互访的不断增加,单纯使用路由器可实现网间访问,但由于端口数量有限,而且路由速度较慢,从而限制了网络的规模和访问速度。基于这种情况,三层交换机便应运而生。三层交换机是为 IP 设计的,接口类型简单,拥有很强的二层包处理能力,非常适用于大型局域网内的数据路由与交换,它既可以工作在协议第三层替代或部分完成传统路由器的功能,同时又具有接近第二层交换的速度,且价格相对便宜。

(3)优势

① 性能

三层交换机拥有强大的路由传输、带宽分配、多媒体传输和安全控制功能,能够根据不同的通信业务系统划分不同的用户群体,实现高效传输。

除了优秀的性能之外,三层交换机还具有一些传统的二层交换机没有的特性,这些特性可以给校园网和城域教育网的构建带来许多好处。

② 高可扩充性

三层交换机在连接多个子网时,子网只是与第三层交换模块建立逻辑连接,不像传统外接路由器那样需要增加端口,从而保护了用户对校园网、城域教育网的投资,并满足学校 3~5 年内网络应用快速增长的需要。

③ 高性价比

三层交换机具有连接大型网络的能力,功能基本上可以取代某些传统路由器,但是价格却接近二层交换机。一台百兆三层交换机的价格只需几万元,与高端的二层交换机的价格差不多。

④ 内置安全机制

三层交换机可以与普通路由器一样,具有访问列表的功能,可以实现不同 VLAN 间的单向或双向通信。如果在访问列表中进行设置,可以限制用户访问特定的 IP 地址,这样学校就可以禁止用户访问不健康的站点。

访问列表不仅可以用于禁止内部用户访问某些站点,也可以用于防止校园网、城域教育网外部的非法用户访问校园网、城域教育网内部的网络资源,从而提高网络的安全性。

⑤ 多媒体传输

教育网经常需要传输多媒体信息,这是教育网的一个特色。三层交换机具有 QOS(服务质量)的控制功能,可以给不同的应用程序分配不同的带宽。

例如,在校园网、城域教育网中传输视频流时,就可以专门为视频传输预留一定量的专用带宽,相当于在网络中开辟了专用通道,其他的应用程序不能占用这些预留的带宽,因此能够保证视频流传输的稳定性。而普通的二层交换机就没有这种特性,因此在传输视频数据时,就会出现视频忽快忽慢的抖动现象。

另外,视频点播(VOD)也是教育网中经常被使用的业务。但是由于有些视频点播系统使用广播来传输,而广播包是不能实现跨网段的,这样 VOD 就不能实现跨网段进行;如果采用单播形式实现 VOD,虽然可以实现跨网段,但是支持的同时连接数就非常少,一般几十个连接就占用了全部带宽。而三层交换机具有组播功能,VOD 的数据包以组播的形式发向各个子网,既实现了跨网段传输,又保证了 VOD 的性能。

⑥ 计费功能

在高校校园网及有些地区的城域教育网中,很可能有计费的需求,因为三层交换机可以识别数据包中的 IP 地址信息,因此可以统计网络中计算机的数据流量,可以按流量计费,也可以统计计算机连接在网络上的时间,按时间进行计费。而普通的二层交换机就难以同时做到这两点。

3. VLAN 技术

(1) 简介

VLAN(虚拟局域网)是对连接到的第二层交换机端口的网络用户的逻辑分段,不受网络用户的物理位置限制而根据用户需求进行网络分段。一个 VLAN 可以在一个交换机上或者跨交换机实现。VLAN 可以根据网络用户的位置、作用、部门或者根据网络用户所使用的应用程序和协议来进行分组。基于交换机的虚拟局域网能够为局域网解决冲突域、广播域、带宽问题。

在传统的共享介质的以太网和交换式的以太网中,所有的用户在同一个广播域中,会引起网络性能的下降,浪费可贵的带宽,而且对广播风暴的控制和网络安全只能在第三层的路由器上实现。

VLAN 相当于 OSI 参考模型的第二层的广播域,能够将广播风暴控制在一个VLAN 内部,划分 VLAN 后,由于广播域的缩小,网络中广播包消耗带宽所占的比例大大降低,网络性能得到显著提高。不同的 VLAN 之间的数据传输是通过第三层(网络层)的路由来实现的,因此使用 VLAN 技术,结合数据链路层和网络层的交换设备可搭建安全可靠的网络。网络管理员通过控制交换机的每一个端口来控制网络用户对网络资源的访问,同时 VLAN 和第三层、第四层的交换结合使用能够为网络提供较好的安全措施。

VLAN 具有灵活性和可扩张性等特点,方便网络维护和管理,这两个特点正是现代局域网设计必须实现的两个基本目标。在局域网中有效利用虚拟局域网技术能够提高网络运行效率。

(2) 优点

① 控制网络的广播风暴

采用 VLAN 技术,可将某个交换端口划到某个 VLAN 中,而一个 VLAN 的广播风暴不会影响其他 VLAN 的性能。

② 确保网络安全

共享式局域网之所以很难保证网络的安全性,是因为只要用户插入一个活动端口,就能访问网络。而 VLAN 能限制个别用户的访问,控制广播域的大小和位置,甚至能锁定某台设备的 MAC 地址,因此 VLAN 能确保网络的安全性。

③ 简化网络管理

网络管理员能借助 VLAN 技术轻松管理整个网络。例如需要建立一个工作组网络来完成某个项目,其成员可能遍及全国或全世界,此时,网络管理员只需设置几条命令,就能在几分钟内建立该项目的 VLAN 网络,其成员使用 VLAN 网络,就像在本地使用局域网一样。

任务 3.2　相同部门之间互访

 知识目标

(1) 掌握划分 VLAN 的方法;

(2) 熟悉 VLAN 的验证方法;

(3) 知道网络故障的诊断及排除方法。

 技能目标

(1) 能够完成网络拓扑结构图的连接;

(2) 能够熟悉掌握交换机的配置;

(3) 会判断网络故障。

 情感目标

(1) 具有追求完美、精益求精的专注精神;

(2) 具有发现问题、解决问题的能力;

(3) 具有团结合作的精神。

问题提出

某教学楼有两层,分别对应一年级、二年级学生,每个楼层都有一台交换机满足老师的上网需求。每个年级都有语文教研组和数学教研组,两个年级的语文教研组的计算机可以互相访问,两个年级的数学教研组的计算机可以互相访问。应该如何划分网络才能满足上述需求?

任务梳理

整体要求见表 3.5。

表 3.5　整体要求

硬件准备	三层交换机、四台计算机、网线、交换机
应用软件	思科软件、visio 软件
IP 地址划分	
路由器设置	静态分配
	动态分配

在交换机上划分两个基于端口的 vlan(vlan100、vlan200)，如表 3.6 所示。

表 3.6　划分两个基于端口的 vlan(vlan100、vlan200)

vlan	端口成员
100	1～8
200	9～16
Trunk 口	24

各 PC 端网络配置如表 3.7 所示。

表 3.7　各 PC 端网络配置

PC	IP 地址	子网掩码	网关
PC1	192.168.1.2	255.255.255.0	192.168.1.1
PC2	192.168.2.2	255.255.255.0	192.168.2.1
PC3	192.168.1.3	255.255.255.0	192.168.1.1
PC4	192.168.2.3	255.255.255.0	192.168.2.1

验证：不设置网管，相同 vlan 能通，不同 vlan 不通，如表 3.8 所示。

表 3.8　不设置网管时 PC 的互通情况

设备 1	ping	设备 2
PC1	通	PC3
PC1	不通	PC4
PC2	通	PC4

续表3.8

设备 1	ping	设备 2
PC2	不通	PC3

设置网管，相同 vlan 能通，不同 vlan 也能通，如表 3.9 所示。

表 3.9　设置网管时 PC 的互通情况

设备 1	ping	设备 2
PC1	通	PC3
PC1	通	PC4
PC2	通	PC4
PC2	通	PC3

 实现步骤

一、连接网络设备

使用思科软件，制作图 3.24 所示的网络拓扑结构图。

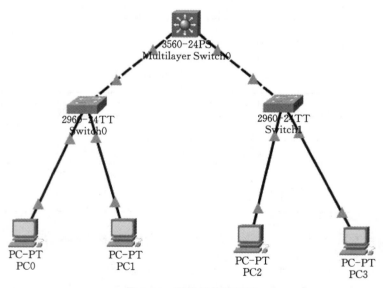

图 3.24　网络拓扑结构图

二、分别配置 PC 的 IP 地址

详见图 3.25 至图 3.28。

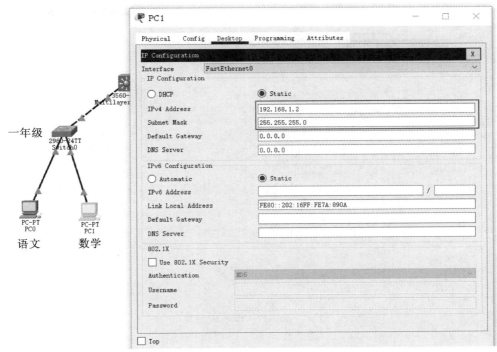

图 3.25 PC1 IP 地址

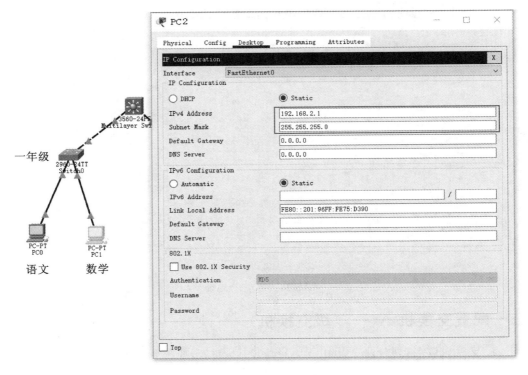

图 3.26 PC2 IP 地址

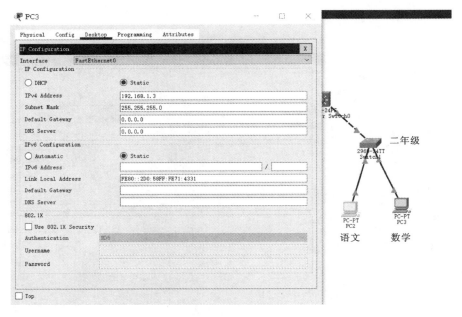

图 3.27　PC3 IP 地址

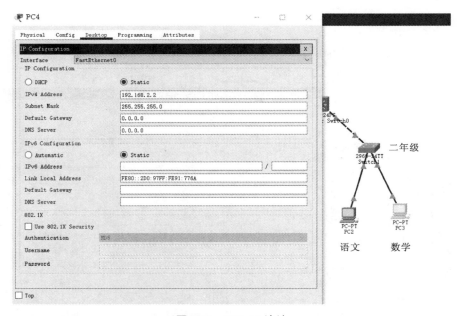

图 3.28　PC4 IP 地址

三、配置交换机 A(一年级交换机)

1. 交换机改名,划分两个 vlan,即 vlan100、vlan200,如图 3.29 所示。

```
Switch>enable
Switch#config
Configuring from terminal, memory, or network {terminal}?
Enter configuration commands, one per line. End with CNTL/2.
Switch(config)#hostname switchA
switchA(config)#vlan 100
switchA(config-vlan)#exit
switchA(config)#vlan 200
switchA(config-vlan)#exit
switchA(config)#
switchA#
```

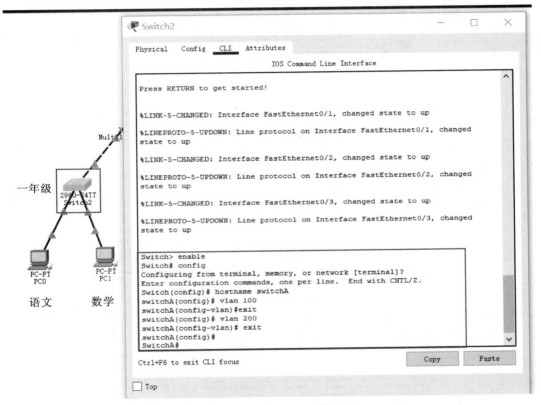

图 3.29　划分两个 vlan(交换机 A)

2. 1～8 端口添加到 vlan100,9～16 端口添加到 vlan200,如图 3.30 所示。

```
switchA(config)#interface range fa0/1-fa0/8
switchA(config-if-range)#switchport access vlan 100
switchA(config-if-range)#exit
switchA(config)#interface range fa0/9-fa0/16
switchA(config-if-range)#switchport access vlan 200
switchA(config-if-range)#
```

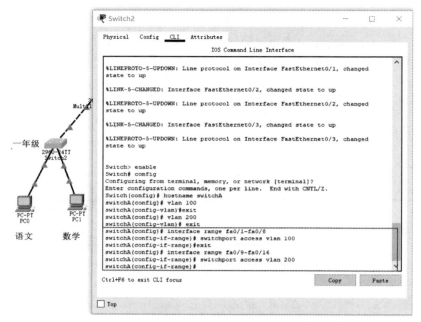

图 3.30 设置端口（交换机 A）

3. 设置 24 口为 Trunk 口，允许所有 vlan 通过，如图 3.31 所示。

switchA(config)#interface f0/24

switchA(config-if)#switchport mode trunk

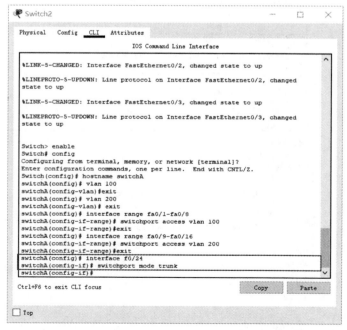

图 3.31 设置 24 口为 Trunk 口（交换机 A）

四、配置交换机 B(二年级交换机)

1. 交换机改名,划分两个 vlan,即 vlan100、vlan200,如图 3.32 所示。

```
Switch>enable
Switch#config
Configuring from terminal, memory, or network [terminal]?
Enter configuration commands, one per line. End with CNTL/Z.
Switch(config)#hostname switchB
switchB(config)#vlan 100
switchB(config-vlan)#exit
switchB(config)#vlan 200
switchB(config-vlan)#exit
switchB(config)#
```

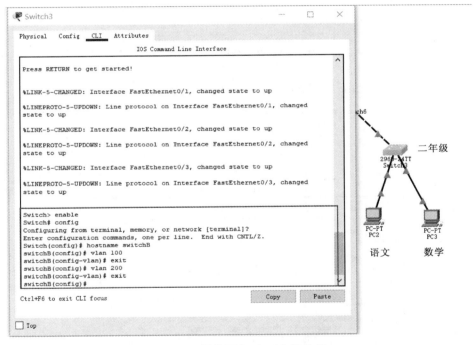

图 3.32 划分两个 vlan(交换机 B)

2. 1~8 端口添加到 vlan100,9~16 端口添加到 vlan200,如图 3.33 所示。

```
switchB(config)#interface range fa0/1-fa0/8
switchB(config-if-range)#switchport access vlan 100
switchB(config-if-range)#interface range fa0/9-fa0/16
switchB(config-if-range)#switchport access vlan 200
```

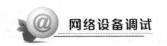

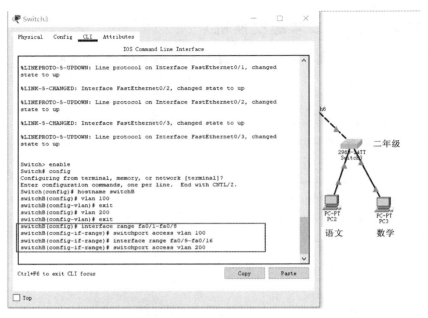

图 3.33　设置端口（交换机 B）

3. 设置 24 口为 Trunk 口，允许所有 vlan 通过，如图 3.34 所示。

switchB(config-if-range)#interface f0/24

switchB(config-if)#switchport mode trunk

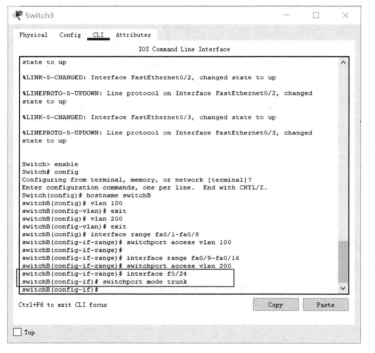

图 3.34　设置 24 口为 Trunk 口（交换机 A）

五、配置交换机 C(三层交换机)

(1) 交换机改名,如图 3.35 所示。

```
Switch>enable
Switch#config
Configuring from terminal, memory, or network [terminal]?
Enter configuration commands, one per line. End with CNTL/Z.
Switch(config)#hostname switchC
SwitchC(config)#
```

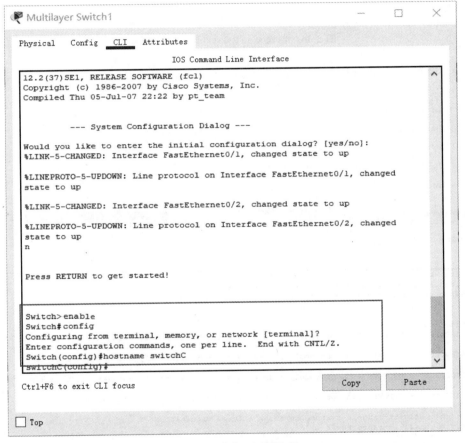

图 3.35　改名(交换机 C)

(2) 创建 vlan100、vlan200,如图 3.36 所示。

```
Switch(config)#vlan 100
Switch(config-vlan)#exit
Switch(config)#vlan
% Incomplete command
```

```
Switch(config)#vlan 200
Switch(config-vlan)#exit
Switch(config)#
```

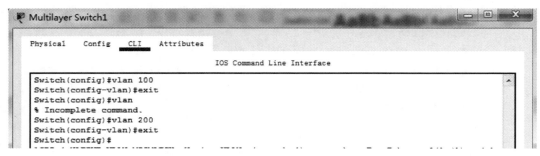

图 3.36　创建 vlan100、vlan200(交换机 C)

（3）设置端口 Trunk，如图 3.37 所示。

```
Switch(config)#interface range fa0/1-fa0/2
Switch(config-if-range)#switchport trunk encapsulation dot1q
Switch(config-if-range)#switchport mode trunk
Switch(config-if-range)#switchport trunk allowed vlan all
Switch(config-if-range)#exit
Switch(config)#
```

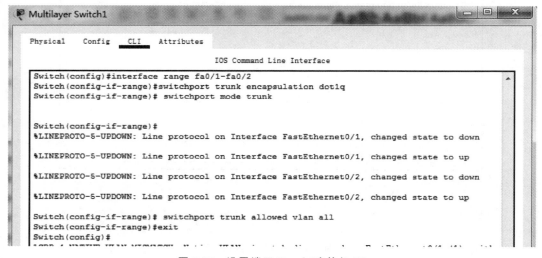

图 3.37　设置端口 Trunk(交换机 C)

（4）配置 vlan 地址，如图 3.38 所示。

```
Switch(config)#interface vlan100
Switch(config-if)#
Switch(config-if)#ip address 192.168.1.1 255.255.255.0
```

```
Switch(config-if)#exit
Switch(config)#interface vlan 200
Switch(config-if)#ip address 192.168.2.1 255.255.255.0
Switch(config-if)#exit
Switch(config)#
```

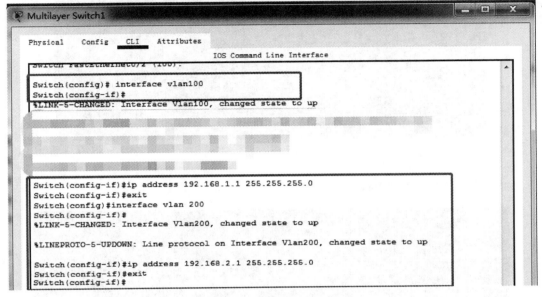

图 3.38　配置 vlan 地址

（5）启动路由功能，如图 3.39 所示。

```
Switch(config)#ip routing
Switch(config)#
```

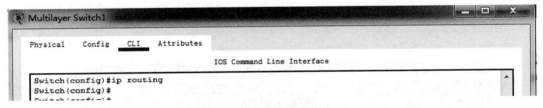

图 3.39　启动路由功能

六、测试结果

1. 执行 show 命令查看交换机 A。
2. 执行 show 命令查看交换机 B。
3. 执行 show 命令查看交换机 C。
4. 执行 ping 命令验证。

（1）电脑不设置网关（相同 vlan 能通，不同 vlan 不通），PC1 通 PC3，如图 3.40 所示。

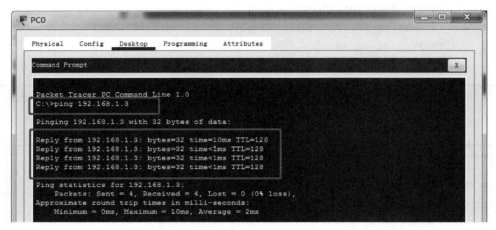

图 3.40　PC1 ping PC3

PC1 不通 PC4，如图 3.41 所示。

```
C:\>ping 192.168.2.3

Pinging 192.168.2.3 with 32 bytes of data:

Request timed out.
Request timed out.
Request timed out.
Request timed out.

Ping statistics for 192.168.2.3:
    Packets: Sent = 4, Received = 0, Lost = 4 (100% loss),
```

图 3.41　PC1 ping PC4

PC2 通 PC4，如图 3.42 所示。

```
PC1
Physical   Config   Desktop   Programming   Attributes

Command Prompt

Packet Tracer PC Command Line 1.0
C:\>ping 192.168.2.3

Pinging 192.168.2.3 with 32 bytes of data:

Reply from 192.168.2.3: bytes=32 time=22ms TTL=128
Reply from 192.168.2.3: bytes=32 time<1ms TTL=128
Reply from 192.168.2.3: bytes=32 time<1ms TTL=128
Reply from 192.168.2.3: bytes=32 time<1ms TTL=128

Ping statistics for 192.168.2.3:
    Packets: Sent = 4, Received = 4, Lost = 0 (0% loss),
Approximate round trip times in milli-seconds:
    Minimum = 0ms, Maximum = 22ms, Average = 5ms
```

图 3.42　PC2 ping PC4

PC2 不通 PC3,如图 3.43 所示。

```
C:\>ping 192.168.1.3

Pinging 192.168.1.3 with 32 bytes of data:

Request timed out.
Request timed out.
Request timed out.
Request timed out.

Ping statistics for 192.168.1.3:
    Packets: Sent = 4, Received = 0, Lost = 4 (100% loss),
```

图 3.43　PC2 ping PC3

(2) 电脑设置网关后,相同 vlan 能通,不同 vlan 也能通。

PC1 通 PC4,如图 3.44 所示。

```
C:\>ping 192.168.2.3

Pinging 192.168.2.3 with 32 bytes of data:

Reply from 192.168.2.3: bytes=32 time=11ms TTL=127
Reply from 192.168.2.3: bytes=32 time=1ms TTL=127
Reply from 192.168.2.3: bytes=32 time<1ms TTL=127
Reply from 192.168.2.3: bytes=32 time=1ms TTL=127

Ping statistics for 192.168.2.3:
    Packets: Sent = 4, Received = 4, Lost = 0 (0% loss),
Approximate round trip times in milli-seconds:
    Minimum = 0ms, Maximum = 11ms, Average = 3ms
```

图 3.44　PC1 ping PC4

PC2 通 PC3,如图 3.45 所示。

```
C:\>ping 192.168.1.3

Pinging 192.168.1.3 with 32 bytes of data:

Reply from 192.168.1.3: bytes=32 time<1ms TTL=127
Reply from 192.168.1.3: bytes=32 time<1ms TTL=127
Reply from 192.168.1.3: bytes=32 time<1ms TTL=127
Reply from 192.168.1.3: bytes=32 time<1ms TTL=127

Ping statistics for 192.168.1.3:
    Packets: Sent = 4, Received = 4, Lost = 0 (0% loss),
Approximate round trip times in milli-seconds:
    Minimum = 0ms, Maximum = 0ms, Average = 0ms
```

图 3.45　PC2 ping PC3

七、故障排查

1. 检查连线是否正确。

2. 查看 PC 网络地址是否正确。

3. 执行 show runing-config 命令查看配置序列。

4. 执行 show vlan 命令查看 vlan 配置。

任务 3.3 企业搭建无线网络

随着信息技术的不断进步和无线网络技术的飞速发展,越来越多的企业选择进行内部无线网络建设。企业内进行无线网络建设具有安装方便、灵活性高、管理容易等特点,相对于有线网络构建,其性价比高、成本较低,被越来越多的企业使用。

 知识目标

(1)了解无线 AP 的功能;

(2)掌握无线 AP 的配置方法。

 技能目标

(1)能够按照拓扑结构图连接实训图;

(2)能够配置无线 AP;

(3)掌握配置动态分布 IP 地址的方法;

(4)能够解决在配置过程中遇到的网络故障。

 情感目标

(1)具有追求完美、精益求精的专注精神;

(2)具有发现问题、解决问题的能力。

 问题提出

WiFi 技术的兴起极大地改变了人们的工作和生活,现在大部分工作区、公共场所以及家庭内都覆盖有 WiFi,从而使得手机等移动设备能随时随地上网。那么 WiFi 是如何实现的呢?

为了满足移动办公和外来人员临时上网的需求,公司需要搭建无线局域网,搭建无线局域网常用的设备是无线 AP。

 任务梳理

搭建无线局域网的整体要求,详见表 3.10。

表 3.10 搭建无线局域网的整体要求

硬件准备	无线控制器、无线 AP1 台、三层交换机 1 台 、PC1 台、笔记本 2 台
应用软件	思科软件
IP 地址划分	(1)PC0 所在网络段为 192.168.2.0/24,对应三层交换机 24 接口在 vlan2 上,vlan2 的地址为 192.168.2.1。 (2)无线 AP 连接在三层交换机 1 接口,端口 1 接口在 vlan3 上,vlan3 的地址为 192.168.3.1。 (3)在三层交换机上配置 DHCP,使笔记本 PC1、PC2 自动连接

交换机配置	动态分配
连接无线网	使有线网 PC0 和 PC1、PC2 能够通信

各 PC 端网络配置如表 3.11 所示。

表 3.11 各 PC 端网络配置

PC	IP 地址	子网掩码	网关	网关对应接口	VLAN
PC0	192.168.2.2	255.255.255.0	192.168.2.1	24 接口	VLAN2
PC1	自动获取 IP 地址				
PC2	自动获取 IP 地址				

无线 AP 对应接口如表 3.12 所示。

表 3.12 无线 AP 对应接口

AP	IP 地址	子网掩码	网关对应接口	VLAN
AP	192.168.3.1	255.255.255.0	1 接口	VLAN3

验证结果：PC1、PC2 可以自动获取 IP 地址，如表 3.13 所示。

表 3.13 验证结果

设备 1	ping	设备 2
PC1	通	PC0
PC2	通	PC0

如图 3.46 所示，PC0 代表公司有线网，连接在三层交换机上。为了满足移动办公和外来人员临时上网需求，在三层交换机上连接了一台无线 AP，搭建无线局域网。

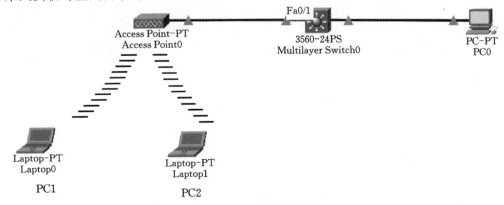

图 3.46 AP 搭建无线网

实现步骤

一、连接网络设备

无线网络的搭建,如图 3.46 所示。

二、更换笔记本无线网卡

更换笔记本无线网卡的步骤详见图 3.47。

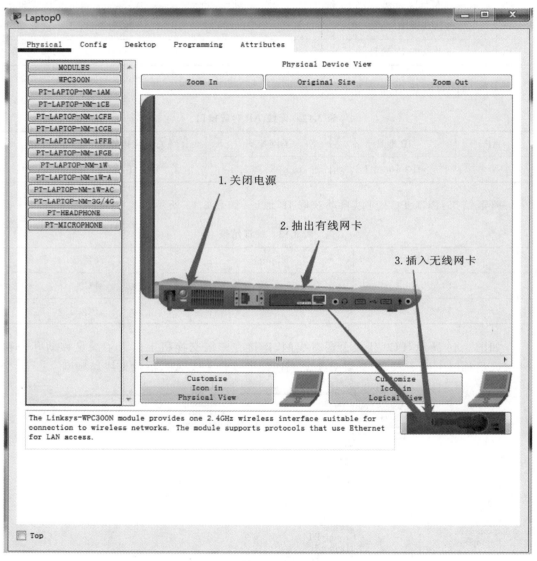

图 3.47　更换笔记本无线网卡

三、配置 PC0 主机地址

配置 PC0 主机地址详见图 3.48。

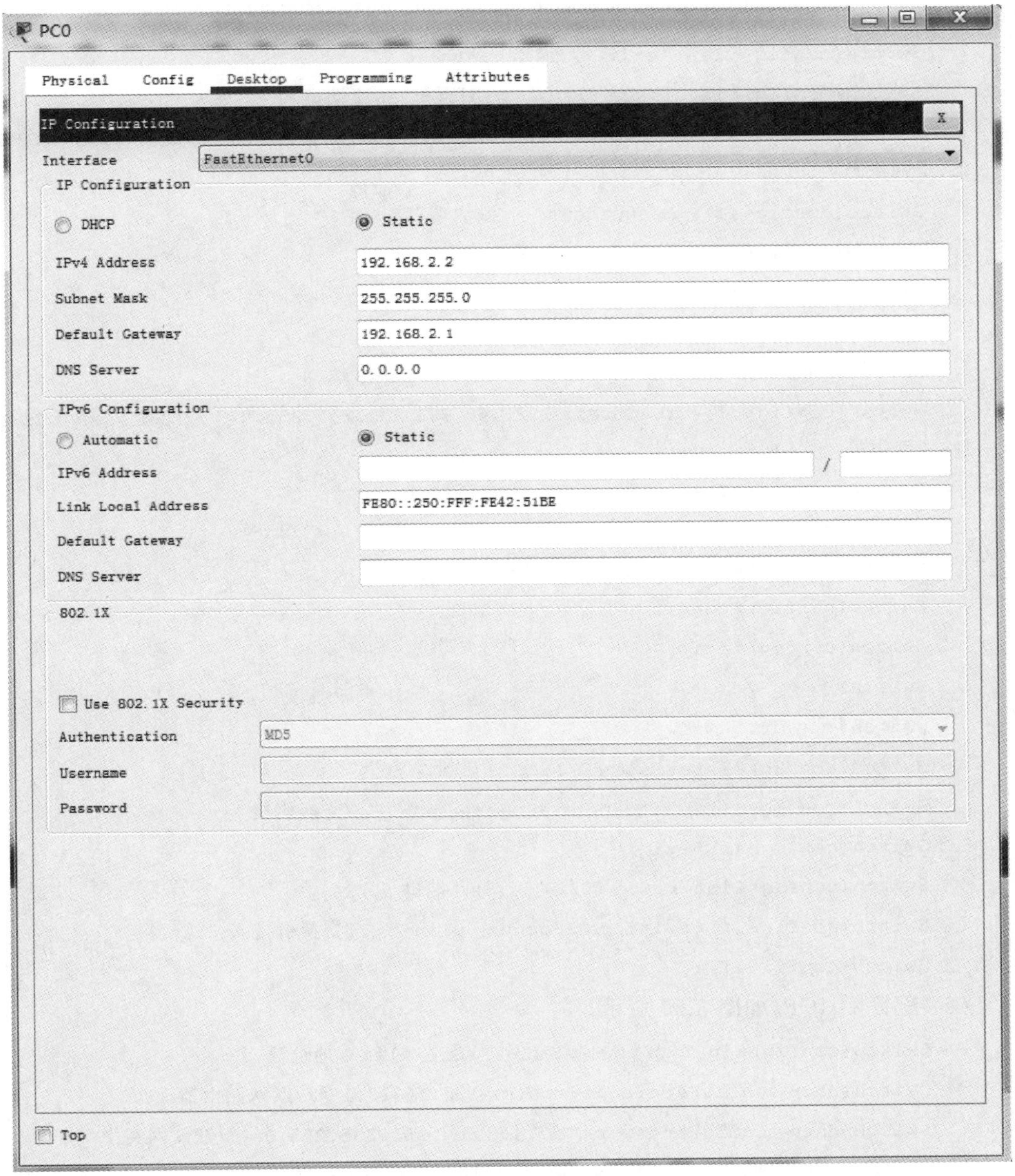

图 3.48　配置 PC0 主机地址

四、配置交换机

（1）配置交换机 vlan 地址，如图 3.49 所示。

```
Switch>enable   //启动交换机
Switch#config   //显示配置信息命令
Switch(config)#
Switch(config)#vlan 2   //加入 vlan 2
Switch(config-vlan)#exit   //退出 vlan 2
Switch(config)#interface vlan 2   //打开 vlan 2 端口
Switch(config-if)#ip address 192.168.2.1 255.255.255.0   //配置 vlan 2 IP 地
```
址、子网掩码
```
Switch(config-if)#no shutdown   //激活端口
Switch(config-if)#exit   //退出端口
Switch(config)#vlan 3   //加入 vlan 3
Switch(config-vlan)#exit
Switch(config)#interface vlan 3   //打开 vlan 3 端口
Switch(config-if)#ip address 192.168.3.1 255.255.255.0   //配置 vlan 3 IP 地
```
址、子网掩码
```
Switch(config-if)#no shutdown   //激活端口
Switch(config-if)#exit
Switch(config)#ip routing   //启用路由功能
Switch(config)#enable
Switch(config)#exit
Switch#
Switch#config
Switch(config)#interface f0/1   //打开端口 f0/1
Switch(config-if)#switchport access vlan 3   //交换机接入 vlan 3
Switch(config-if)#exit
Switch(config)#interface f0/24   //打开端口 f0/24
Switch(config-if)#switchport access vlan 2   //交换机接入 vlan 2
Switch(config-if)#
```

（2）配置 DHCP，如图 3.50 所示。

```
Switch(config)#ip dhcp pool vlan3   //配置 vlan 3 地址池
Switch(dhcp-config)#default-router 192.168.3.1   //默认路由器
Switch(dhcp-config)#network 192.168.3.0 255.255.255.0   //默认网关
Switch(dhcp-config)#dns-server 114.144.114.114   //dns 服务器
Switch(dhcp-config)#exit
Switch(config)#
```

```
Switch> enable
Switch> exit
Switch> enable
Switch#config
Configuring from terminal, memory, or network [terminal]?
Enter configuration commands, one per line.  End with CNTL/Z.
Switch(config)#vlan2
              ^
% Invalid input detected at '^' marker.

Switch(config)#vlan 2
Switch(config-vlan)#exit
Switch(config)#interface vlan 2
Switch(config-if)#
%LINK-5-CHANGED: Interface Vlan2, changed state to up

Switch(config-if)#ip address 192.168.2.1 255.255.255.0
Switch(config-if)#no shutdown
Switch(config-if)#exit
Switch(config)#vlan 3
Switch(config-vlan)#exit
Switch(config)#interface vlan 3
Switch(config-if)#
%LINK-5-CHANGED: Interface Vlan3, changed state to up

Switch(config-if)#ip address 192.168.3.1 255.255.255.0
Switch(config-if)#no shutdown
Switch(config-if)#exit
Switch(config)#ip routing
Switch(config)#enable
% Incomplete command.
Switch(config)#exit

Switch#config
Configuring from terminal, memory, or network [terminal]?
Enter configuration commands, one per line.  End with CNTL/Z.
Switch(config)#interface f0/1
Switch(config-if)#switchport access vlan 3
Switch(config-if)#
%LINEPROTO-5-UPDOWN: Line protocol on Interface Vlan3, changed state to up

Switch(config-if)#exit
Switch(config)#interface f0/24
Switch(config-if)#switchport access vlan 2
Switch(config-if)#
%LINEPROTO-5-UPDOWN: Line protocol on Interface Vlan2, changed state to up

Switch(config-if)#exit
              ^
% Invalid input detected at '^' marker.

Switch(config-if)#exit
Switch(config)#
```

注：vlan_2，中间要空格，不能连打

图 3.49　配置交换机 vlan 地址

```
Switch>
Switch>enable
Switch#config
Configuring from terminal, memory, or network [terminal]?
Enter configuration commands, one per line.  End with CNTL/Z.
Switch(config)#ip dhcp pool vlan3
Switch(dhcp-config)#default-router 192.168.3.1
Switch(dhcp-config)#network 192.168.3.0 255.255.255.0
Switch(dhcp-config)#dns-server 114.144.114.114
Switch(dhcp-config)#exit
Switch(config)#
```

图 3.50　配置 DHCP

五、测试结果

(1) PC1 自动获取 IP 地址成功,如图 3.51 所示。

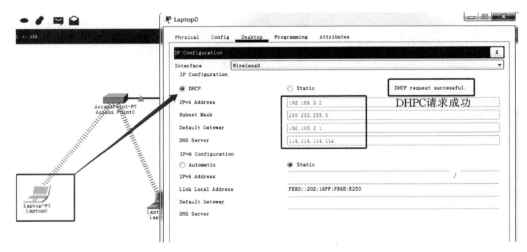

图 3.51　PC1 自动获取 IP 地址

(2) PC2 自动获取 IP 地址成功,如图 3.52 所示。

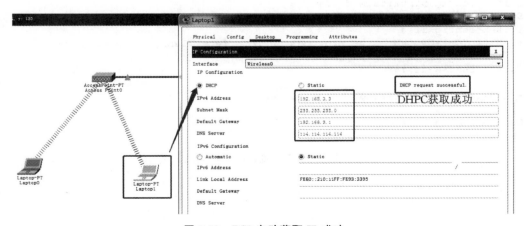

图 3.52　PC2 自动获取 IP 成功

（3）PC1 或 PC2 ping PC0 能通，如图 3.53 所示。

（4）查看 PC1 搜索到的无线网，如图 3.54、图 3.55 所示（注：此步骤通俗来讲，即查看笔记本能搜索到哪些无线网络）。

```
C:\>ping 192.168.2.2

Pinging 192.168.2.2 with 32 bytes of data:

Request timed out.
Reply from 192.168.2.2: bytes=32 time=17ms TTL=127
Reply from 192.168.2.2: bytes=32 time=19ms TTL=127
Reply from 192.168.2.2: bytes=32 time=11ms TTL=127

Ping statistics for 192.168.2.2:
    Packets: Sent = 4, Received = 3, Lost = 1 (25% loss),
Approximate round trip times in milli-seconds:
    Minimum = 11ms, Maximum = 19ms, Average = 15ms
```

图 3.53　PC1 ping 排查能通（无线笔记本连通有线网）

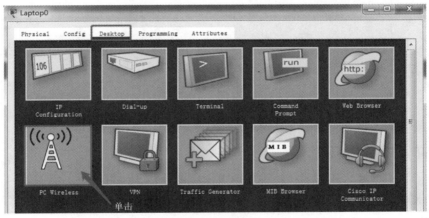

图 3.54　单击【PC Wireless】

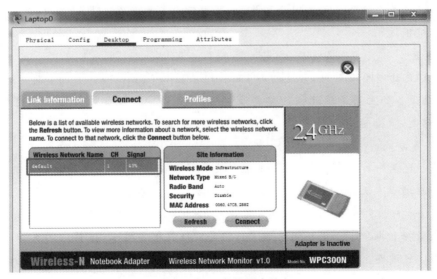

图 3.55　PC1 无线网卡信息

单击 PC1 弹出对话框,找到【Desktop】,选择并单击【PC Wireless】,弹出对话框找到【Connect】即可。

(5)将无线 SSID 改为 AP,如图 3.56 所示。修改 SSID 其实是修改无线名称(例如家庭中的无线网络名称),以方便搜索与身份验证。此步骤可修改也可默认。

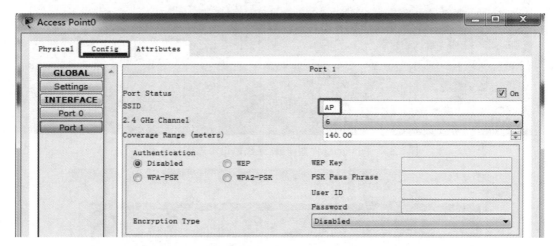

图 3.56　将无线 SSID 改为 AP

(6)笔记本电脑 PC1 wireless 的刷新与连接,如图 3.55 所示。

知识点　(1)什么是无线 AP?

无线 AP 是用来将有线数据信号转换为无线数据信号的设备,从而让笔记本电脑、手机等移动设备能随时随地接入网络。这种设备通常安装在办公室和公共场所(例如火车站、医院等),适合用来在广阔的区域内提供 WiFi 服务。

无线 AP 网络性能与许多因素相关,如果您想购买无线 AP 设备,应将以下几个因素纳入考虑范围之内:

① 速率

无线 AP 的速率有多种,常见的有 300 Mbps、1200 Mbps、1750 Mbps 或更高,其速率越大,移动设备的上网速度越快。需要注意的是,无线 AP 设备的价格与其速率密切相关,速率越大,价格越高。

② 供电方式

无线 AP 是一种有源设备,需要电能的支持才能正常工作。但是由于无线 AP 设备通常部署在墙壁或天花板上,采用本地供电的方式十分不便。基于此,人们将以太网供电(PoE)技术应用到无线 AP 设备中,现在我们只需使用一根网线就能同时给无线 AP 设备传输数据和电流。如果您对无线 AP 的灵活性有较高要求,推荐您购买具有 PoE 功能的无线 AP 设备。

③ 覆盖范围

我们知道,无线信号很容易衰减,因此无线 AP 提供 WiFi 服务的距离和覆盖范围是有限的。

④ 单频、双频如何选择?

无线信号的重要参数之一是无线电频带,而 WiFi 信号的无线电频带有两种:2.4 GHz 和 5 GHz。其中,5 GHz 频带的信道多、干扰小,而 2.4 GHz 频带的信道少、信号多,还处于公用频段,因此干扰特别严重。现在市场上的无线 AP 设备有单频和双频两种可选,用户可根据需求自由选择。

无线 AP 是给办公室、医院、火车站等公共区域提供 WiFi 服务的理想解决方案,在购买时,我们应根据需求综合考虑其速率、供电方式、覆盖范围等多种参数,最后选择一款最节省成本的产品。

(2) SSID 是什么?

SSID 是 Service Set Identifier 的缩写,意思是服务集标识。SSID 技术可以将一个无线局域网分为几个需要不同身份验证的子网络,每一个子网络都需要独立的身份验证,只有通过身份验证的用户才可以进入相应的子网络,防止未被授权的用户进入本网络。

拓展 以上是利用无线 AP 搭建无线网,除此之外还有无线路由器。用无线路由器搭建家庭局域网,想必同学们都再熟悉不过了。同样,企业也可以使用无线路由器搭建无线网络。在此选择时需要选择性能较高的无线路由器,即企业级路由器。

1. 企业级路由器

(1) 设备介绍

许多现有的企业网络都是由 Hub 或网桥连接起来的以太网段。尽管这些设备价格便宜、易于安装、无须配置,但是它们不支持服务等级。相反,有企业级无线路由器参与的网络能够将机器分成多个碰撞域,并因此能够控制一个网络的大小。此外,企业级无线路由器还支持一定的服务等级,至少允许分成多个优先级别。

(2) 功能介绍

支持浏览器

企业级无线路由器很好地兼容了目前所有主流浏览器内核,最大限度地方便企业用户对路由器的配置。

设置向导

设置向导和快速设置都是为了方便用户的使用而开发的,企业级用户只需简单地设置几个参数,就可以上网冲浪了。

连接类型

自动检测用户的连接方式,方便企业级用户对路由器进行配置。

WAN 连接

根据 WAN 口的连接状态自动断开或启动 WAN 连接。

WAN 联机状态

根据 WAN 的联机状态，自动更新当前显示的 WAN 连接信息。

无线加密机制

根据 MAC 地址自动生成无线网络的密钥，每台路由器使用不同的默认密钥，彻底跟蹭网卡说"拜拜"。

AP 扫描功能

在配置 WDS 或 AP Client 的时候，可以使用 AP 扫描功能自动搜索周围 AP，方便配置路由器。

AP Client

AP Client 功能允许路由器采用无线作为 WAN 接入接口，方便用户以无线的方式扩展不支持 WDS 的 AP。

QoS 功能

QoS 支持基于 IP 和服务类型的带宽限制。

开关无线

可以一键打开或关闭无线网络；打开/关闭状态没有记忆效应，企业级路由器重启之后，会恢复路由器中设置的无线网络状态；状态切换按钮短按即可，长按没有效果。

显示人数

在线人数会显示在电子数码管上；在线人数最大更新时间为 45 s；最多支持 99 个设备同时在线，让企业用户轻松管理企业网络。

2. 利用无线路由器搭建无线网

(1) 硬件及软件要求详见表 3.14。

表 3.14　利用无线路由器搭建无线网的硬件及软件要求

硬件准备	无线路由器 1 台、3560 三层交换机 1 台 、PC1 台、笔记本电脑 2 台、直通线
应用软件	思科软件
IP 地址划分	(1) PC0 所在网络段为 192.168.2.0/24，对应三层交换机 24 接口在 vlan 2 上，vlan 2 的地址为 192.168.2.1； (2) 无线路由器连接在三层交换机 1 端口，端口 1 接口在 vlan 3 上，vlan 3 的地址为 192.168.3.1
交换机配置	动态分配，使无线路由器自动获取 IP 地址
无线路由器配置	使笔记本电脑自动获取无线路由器分配的 IP 地址
连接无线网	使有线网 PC0 和 PC1、PC2 能够通信

各 PC 端网络配置如表 3.15 所示。

表 3.15　各 PC 端网络配置

PC	IP 地址	子网掩码	网关	对应接口	vlan
PC0	192.168.2.2	255.255.255.0	192.168.2.1	24 接口	vlan2
PC1	自动获取 IP 地址				
PC2	自动获取 IP 地址				

无线路由器对应接口如表 3.16 所示。

表 3.16　无线路由器对应接口

设备	IP 地址	子网掩码	网关对应接口	vlan
无线路由器	192.168.3.1	255.255.255.0	1 接口	vlan3

验证结果如表 3.17 所示。PC1、PC2 可以自动获取 IP 地址。

表 3.17　验证结果

设备 1	ping	设备 2
PC1	通	PC0
PC2	通	PC0

（2）实现步骤

① 连接设备，无线局域网搭建，如图 3.46 所示。

② 配置 PC0 主机地址，如图 3.57 所示。

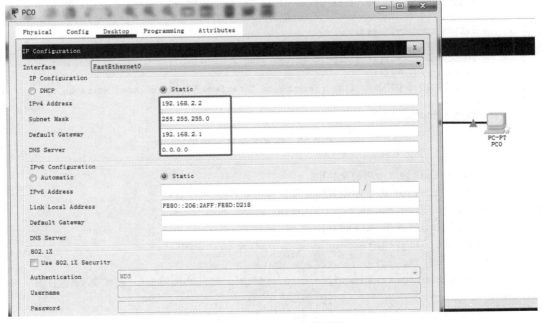

图 3.57　配置 PC0 主机地址

③ 配置交换机

配置交换机 vlan 地址，如图 3.58 所示。

```
Switch>enable
Switch#config
Configuring from terminal, memory, or network [terminal]?
Enter configuration commands, one per line.  End with CNTL/Z.
Switch(config)#vlan 2
Switch(config-vlan)#exit
Switch(config)#interface vlan2
Switch(config-if)#
%LINK-5-CHANGED: Interface Vlan2, changed state to up

Switch(config-if)#ip address 192.168.2.1 255.255.255.0
Switch(config-if)#no shutdown
Switch(config-if)#exit
Switch(config)#vlan 3
Switch(config-vlan)#exit
Switch(config)#interface vlan3
Switch(config-if)#
%LINK-5-CHANGED: Interface Vlan3, changed state to up

Switch(config-if)#ip address 192.168.3.1 255.255.255.0
Switch(config-if)#no shutdown
Switch(config-if)#exit
Switch(config)#ip routing
Switch(config)#enable
Switch(config)#interface f0/1
Switch(config-if)#switchport access vlan 3
Switch(config-if)#
%LINEPROTO-5-UPDOWN: Line protocol on Interface Vlan3, changed state to up

Switch(config-if)#exit
Switch(config)#interface f0/24
Switch(config-if)#switchport access vlan 2
Switch(config-if)#
%LINEPROTO-5-UPDOWN: Line protocol on Interface Vlan2, changed state to up

Switch(config-if)#
```

图 3.58　配置交换机 vlan 地址

```
Switch>enable   //启动交换机
Switch#config   //显示配置信息命令
Switch(config)#vlan 2   //加入 vlan 2
Switch(config-vlan)#exit
Switch(config)#interface vlan 2   //打开 vlan 2 端口
Switch(config-if)#
Switch(config-if)#ip address 192.168.2.1 255.255.255.0   //配置 IP 地址及子网
掩码
Switch(config-if)#no shutdown
```

```
Switch(config-if)#exit
Switch(config)#vlan 3
Switch(config-vlan)#exit
Switch(config)#interface vlan 3
Switch(config-if)#
Switch(config-if)#ip address 192.168.3.1 255.255.255.0
Switch(config-if)#no shutdown
Switch(config-if)#exit
Switch(config)#ip routing
Switch(config)#enable
Switch(config)#interface f0/1
Switch(config-if)#switchport access vlan 3
Switch(config-if)#
Switch(config-if)#exit
Switch(config)#interface f0/24
Switch(config-if)#switchport access vlan 2
Switch(config-if)#
Switch#
```

④ 配置 DHCP,如图 3.59 所示。

```
Switch> enable
Switch#config
Switch(config)#ip dhcp pool vlan 3
Switch(dhcp-config)#
Switch(dhcp-config)#default-router 192.168.3.1
Switch(dhcp-config)#network 192.168.3.2 255.255.255.0
Switch(dhcp-config)#dns-server 114.114.114.114
Switch(dhcp-config)#exit
Switch(config)#
```

```
Switch>enable
Switch#config
Configuring from terminal, memory, or network [terminal]?
Enter configuration commands, one per line.  End with CNTL/Z.
Switch(config)#ip dhcp pool vlan3
Switch(dhcp-config)#
Switch(dhcp-config)#default-router 192.168.3.1
Switch(dhcp-config)#network 192.168.3.2 255.255.255.0
Switch(dhcp-config)#dns-%DHCPD-4-PING_CONFLICT: DHCP address conflict:  server pinged
192.168.3.1.

% Incomplete command.
Switch(dhcp-config)#dns-server 114.114.114.114
Switch(dhcp-config)#exi
Switch(config)#
```

图 3.59　配置 DHCP

⑤ 设置无线路由器

查看无线路由器自动获取的 IP 地址,如图 3.60 所示。

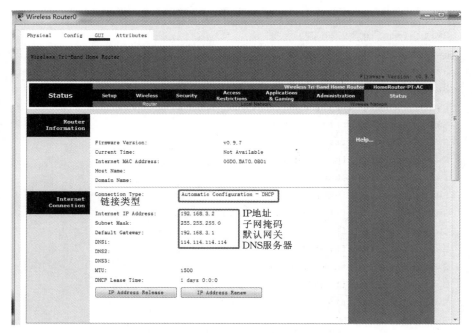

图 3.60　无线路由器自动获取的 IP 地址

温馨提示　如果这时未查看到自动获取的 IP 地址,要检查划分 vlan 3 时是否加入 IP 地址。

设置笔记本电脑 PC1、PC2 自动获取 IP 地址,如图 3.61 所示。

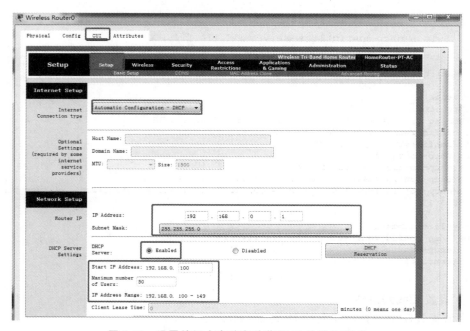

图 3.61　设置笔记本电脑自动获取 IP 地址的范围

设置 SSID,如图 3.62 所示。

图 **3.62**　修改 SSID

⑥ 测试结果

笔记本电脑 PC1、PC2 wireless 刷新与连接,如图 3.63、图 3.64 所示。

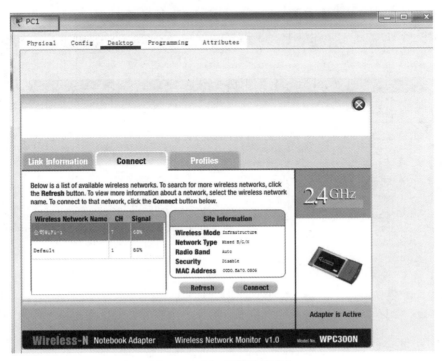

图 **3.63**　PC1 连接无线路由

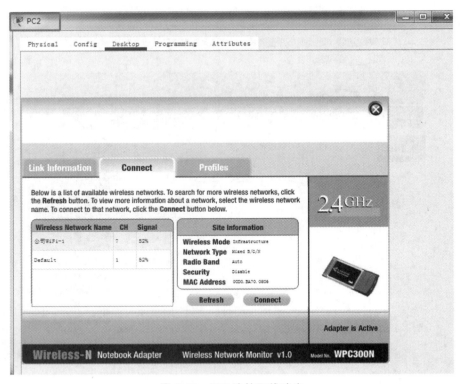

图 3.64　PC2 连接无线路由

查看笔记本电脑自动获取的 IP 地址,如图 3.65、图 3.66 所示。

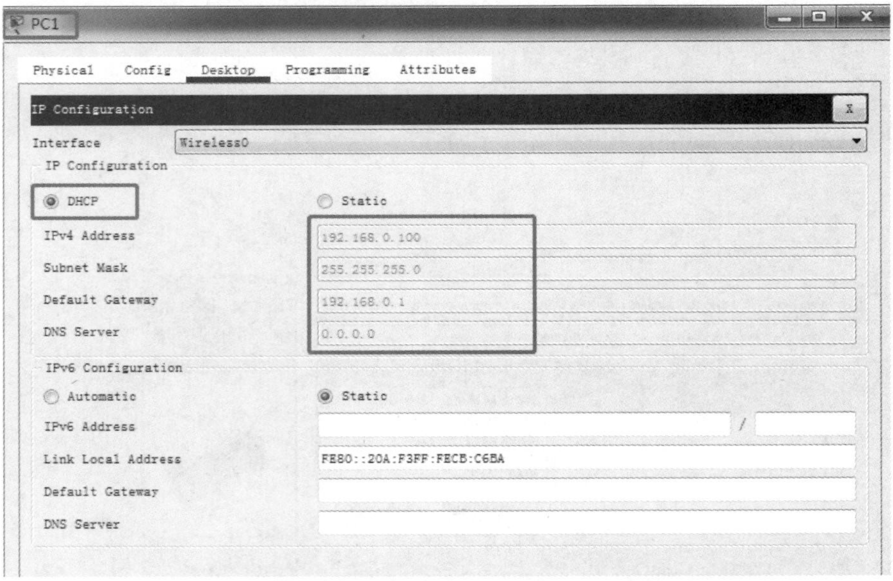

图 3.65　PC1 的 IP 地址

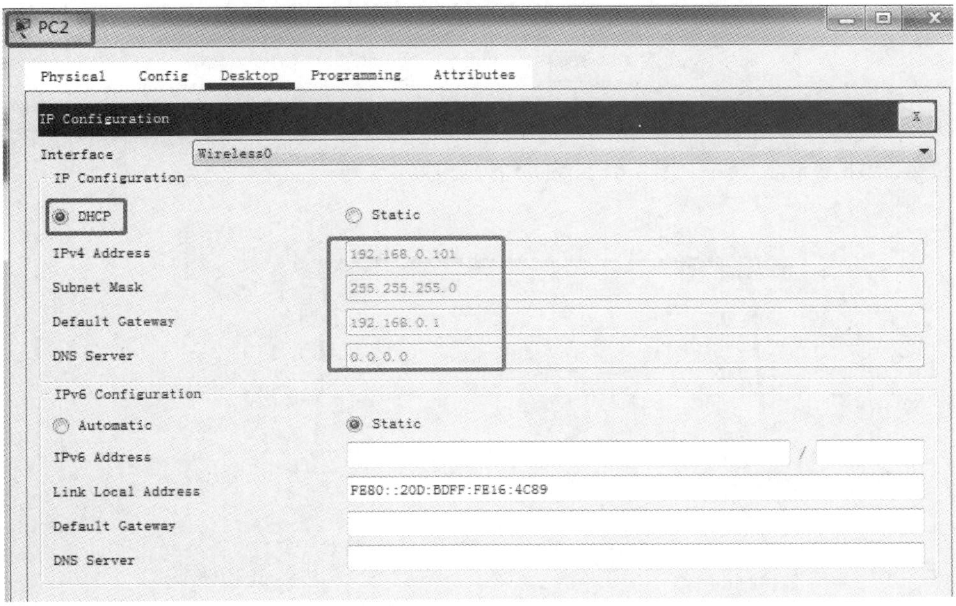

图 3.66　PC2 的 IP 地址

PC1、PC2 分别 ping PC0 能通,如图 3.67 所示。

```
C:\>ping 192.168.2.2

Pinging 192.168.2.2 with 32 bytes of data:

Reply from 192.168.2.2: bytes=32 time=15ms TTL=126
Reply from 192.168.2.2: bytes=32 time=17ms TTL=126
Reply from 192.168.2.2: bytes=32 time=25ms TTL=126
Reply from 192.168.2.2: bytes=32 time=28ms TTL=126

Ping statistics for 192.168.2.2:
    Packets: Sent = 4, Received = 4, Lost = 0 (0% loss),
Approximate round trip times in milli-seconds:
    Minimum = 15ms, Maximum = 28ms, Average = 21ms
```

图 3.67　PC1 或 PC2 ping PC0 能通

中型企业网络案例总结

　　通过本章的学习,我们熟练掌握了思科模拟器软件的使用、PC 端 IP 的设置、交换机 vlan 的划分、ping 命令;熟练掌握了 Trunk 技术,使用 show 命令查看配置;了解了网络故障诊断及排除方法;了解到三层交换机具有路由功能;熟悉了无线 AP 的功能、无线 AP 的配置方法以及动态分布 IP 的方法。

习 题 三

1. 阅读下列配置命令(图 3.68),完成下列问题。

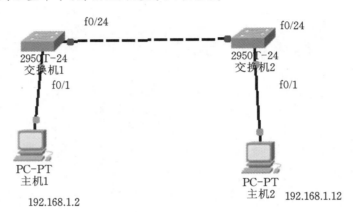

图 3.68　习题 1 图

交换机 1 的配置如下:

```
Switch>enable
Switch#config t
Switch(config)#hostname swa    (1)该处命令起什么作用?
swa(config)#vlan 100
swa(config-vlan)#exit
swa(config)#    (2)该处创建 vlan 200 的命令是_____。
swa(config-vlan)#exit
swa(config)#int range  f0/1-f0/10
swa(config-if-range)#switchport access vlan 100    (3)该处命令起什么作用?
swa(config-if-range)#exit
swa(config)#
swa(config)#int range f0/11-f0/20
swa(config-if-range)#switchport access vlan 200
swa(config-if-range)#exit
swa(config)#
swa(config)#int f0/24
swa(config-if)#switchport mode trunk
```

交换机 2 的配置如下:

```
Switch>enable
```

```
Switch#config
Switch(config)#hostname swb
swb(config)#
swb(config)#vlan 100
swb(config-vlan)#exit
swb(config)#vlan 200
swb(config-vlan)#exit
swb(config)#int range f0/1-f0/10
swb(config-if-range)#switchport access vlan 100
swb(config-if-range)#exit
swb(config)#int range f0/11-f0/20
swb(config-if-range)#switchport access vlan 200
swb(config-if-range)#exit
swb(config)#
swb(config)#int f0/24
swb(config-if)#switchport mode trunk
```

经过上述配置,假如主机1、主机2分别接在交换机1、2的f0/1端口,请问主机1、主机2能正常通信吗? 若将主机2接入交换机2的f0/11端口,主机1不变,请问主机1、主机2能正常通信吗?

2. 图3.69所示为某单位的网络拓扑结构图,网管员通过对路由器0、路由器2进行缺省路由的配置来简化配置操作,请你帮助网管员完成下列几个问题:

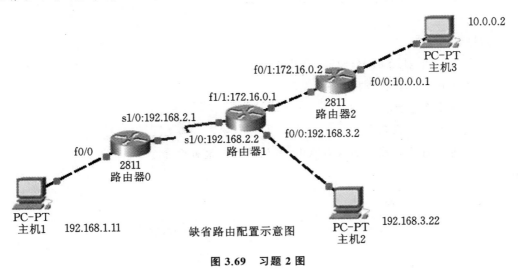

图3.69　习题2图

(1) 已知主机1的IP地址为192.168.1.11,图3.70所示为主机1的IP配置页面,请问路由器0的f0/0端口的IP应设为_____。

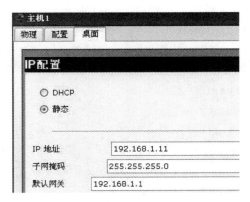

图 3.70　主机 1 的 IP 配置

（2）已知路由器 0 的 s1/0 端口的 IP 地址为 192.168.2.1，其中路由器为 DCE 设备，下面我们一起来对 s1/0 进行配置。

```
R1>   enable
R1#   config
R1(config)#   int   s1/0
R1(config-if)#   ip   address   192.168.2.1   ①
R1(config-if)#   clock   rate   64000   ②
R1(config-if)#   no   shutdown   ③
R1(config-if)#   ④
R1(config)#   ip   route   0.0.0.0   0.0.0.0   ⑤
```

请答题：

① 处为设置 s1/0 的 IP 地址，请补全命令。

② 处该命令起什么作用？

③ 处该命令起什么作用？

④ 处应填入什么命令？

⑤ 处为设置路由器 0 的缺省路由（默认路由），请补全命令。

习题参考答案

习题一

1. 所有的无线网络都提供某些形式的加密。但无线路由器、无线 AP 或中继器的无线信号范围很难控制准确,外界也能访问到该无线网络,一旦他们能访问该内部网络,该网络中所有传输的数据对他们来说都是透明的。如果这些数据都没经过加密,黑客就可以通过一些数据包嗅探工具来抓包、分析并窥探到其中的隐私。如果开启了无线网络加密,那么即使在无线网络上传输的数据被截取了也无法(或者说没那么容易)被解读。

2. 目前,无线网络中已经存在好几种加密技术,最常使用的是 WEP 和 WPA 两种加密方式。无线局域网的第一个安全协议——802.11 Wired Equivalent Privacy(WEP),一直受到人们的质疑。虽然 WEP 可以阻止窥探者进入无线网络,但是人们还是有理由怀疑它的安全性,因为 WEP 破解起来非常容易。

WEP 使用了 rc4 prng 算法。该算法即有线对等保密,是一种数据加密算法,用于提供等同于有线局域网的保护能力。使用了该技术的无线局域网,所有客户端与无线接入点的数据都会以一个共享的密钥进行加密,密钥的长度为 40～256 位,密钥越长,黑客就需要更多的时间去进行破解,因此能够提供更好的安全保护。

WPA 加密即 WiFi Protected Access,其加密特性决定了它比 WEP 更难入侵,所以如果对数据安全性有很高要求,那就必须选用 WPA 加密方式(Windows XP SP2 已经支持 WPA 加密方式)。

WPA 作为 IEEE 802.11 通用的加密机制 WEP 的升级版,在安全防护上比 WEP 更为周密,主要体现在身份认证、加密机制和数据包检查等方面,而且它还提升了无线网络的管理能力。

习题二

1. 局域网、城域网、广域网
2. 双绞线、光纤、同轴电缆
3. 应用层、表示层、会话层、传输层、网络层、数据链路层、物理层
4. 32、十
5. 总线型、星形、树状形、环形

6. 拨号连接、ADSL

7. A　8.C　9.C　10.D　11.B　12.B　13.A　14.B　15.C　16.B

习题三

1.（1）修改交换机名称为 swa；

（2）vlan 200；

（3）加入 vlan100。

2.（1）192.168.1.1；

（2）① 255.255.255.0；

② 设置时钟速率的命令；

③ 激活端口；开启端口；

④ exit；

⑤ 172.16.0.2。

附录一　思科路由器配置手册

一、基本设置方式

一般来说,可以用以下 5 种方式来设置路由器(附图 1):

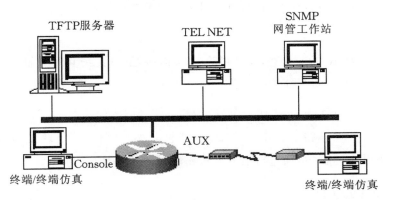

附图 1　路由器设置

(1) 通过 Console 口连接终端或运行终端仿真软件的微机;

(2) AUX 口接 MODEM,通过电话线与终端或运行终端仿真软件的微机相连;

(3) 通过 Ethernet 上的 TFTP 服务器;

(4) 通过 Ethernet 上的 TEL NET 程序;

(5) 通过 Ethernet 上的 SNMP 网管工作站。

但路由器的第一次设置必须通过第一种方式进行,此时终端的硬件设置如下:

波特率 :9600

数据位 :8

停止位 :1

奇偶校验:无

二、命令状态

1. router>

路由器处于用户命令状态,这时用户可以查看路由器的连接状态,访问其他网络和主机,但不能看到和更改路由器的设置内容。

2. router♯

在 router＞提示符下键入"enable",路由器进入特权命令状态 router♯,这时不但可以执行所有的用户命令,还可以看到和更改路由器的设置内容。

3. router(config)♯

在 router♯提示符下键入 configure terminal,出现提示符 router(config)♯,此时路由器处于全局设置状态,可以设置路由器的全局参数。

4. router(config-if)♯；router(config-line)♯；router(config-router)♯；…

路由器处于局部设置状态,这时可以设置路由器某个局部的参数。

5. ＞

路由器处于 ReBOOT 状态,在开机后 60 s 内按 ctrl-break 可进入此状态,这时路由器不能完成正常的功能,只能进行软件升级和手工引导。

6. 设置对话状态

对话状态是一台新路由器开机时自动进入的状态,在特权命令状态使用 SETUP 命令也可进入此状态,这时可通过对话方式对路由器进行设置。

三、设置对话过程

显示提示信息；
全局参数的设置；
接口参数的设置；
显示结果。

利用设置对话过程可以避免手工输入命令的烦琐,但它还不能完全代替手工设置,一些特殊的设置还必须通过手工输入的方式完成。

进入设置对话过程后,路由器首先会显示一些提示信息：

---System Configuration Dialog ---

At any point you may enter a question mark '? ' for help.

Use ctrl-c to abort configuration dialog at any prompt.

Default settings are in square brackets '[]'.

这是告诉你在设置对话过程中的任何地方都可以键入"?"得到系统的帮助,按 ctrl-c 可以退出设置过程,缺省设置将显示在'[]'中,然后路由器会提示是否进入设置对话：

Would you like to enter the initial configuration dialog? [yes]:

如果按 y 或回车,路由器就会进入设置对话过程。首先你可以看到各端口当前的状况：

First, would you like to see the current interface summary? [yes]:

Any interface listed with OK? value "NO" does not have a valid configuration

Interface IP- Address OK? Method Status Protocol

Ethernet0 unassigned NO unset up up

Serial0 unassigned NO unset up up

……… ……… … …… … …

然后,路由器就开始全局参数的设置:

Configuring global parameters:

(1) 设置路由器名:

Enter host name [Router]:

(2) 设置进入特权状态的密文(secret),此密文在设置以后不会以明文方式显示:

The enable secret is a one- way cryptographic secret used

instead of the enable password when it exists.

Enter enable secret: cisco

(3) 设置进入特权状态的密码(password),此密码只在没有密文时起作用,并且在设置以后会以明文方式显示:

The enable password is used when there is no enable secret

and when using older software and some boot images.

Enter enable password: pass

(4)设置虚拟终端访问时的密码:

Enter virtual terminal password: cisco

(5)询问是否要设置路由器支持的各种网络协议:

Configure SNMP Network Management? [yes]:

Configure DECnet? [no]:

Configure AppleTalk? [no]:

Configure IPX? [no]:

Configure IP? [yes]:

Configure IGRP routing? [yes]:

Configure RIP routing? [no]:

………

(6)如果配置的是拨号访问服务器,系统还会设置异步口的参数:

Configure Async lines? [yes]:

① 设置线路的最高速度:

Async line speed [9600]:

② 是否使用硬件流控:

Configure for HW flow control? [yes]:

③ 是否设置 modem:

Configure for modems? [yes/no]: yes

④ 是否使用默认的 modem 命令：

Configure for default chat script? [yes]:

⑤ 是否设置异步口的 PPP 参数：

Configure for Dial- in IP SLIP/PPP access? [no]: yes

⑥ 是否使用动态 IP 地址：

Configure for Dynamic IP addresses? [yes]:

⑦ 是否使用缺省 IP 地址：

Configure Default IP addresses? [no]: yes

⑧ 是否使用 TCP 头压缩：

Configure for TCP Header Compression? [yes]:

⑨ 是否在异步口上使用路由表更新：

Configure for routing updates on async links? [no]: y

⑩ 是否设置异步口上的其他协议。

接下来，系统会对每个接口进行参数设置。

Configuring interface Ethernet0:

① 是否使用此接口：

Is this interface in use? [yes]:

② 是否设置此接口的 IP 参数：

Configure IP on this interface? [yes]:

③ 设置接口的 IP 地址：

IP address for this interface: 192.168.162.2

④ 设置接口的 IP 子网掩码：

Number of bits in subnet field [0]:

Class C network is 192.168.162.0, 0 subnet bits; mask is /24

在设置完所有接口的参数后，系统会把整个设置对话过程的结果显示出来：

The following configuration command script was created:

hostname Router

enable secret 5 $ 1 $ W5Oh $ p6J7tIgRMBOIKVXVG53Uh1

enable password pass

…………

请注意：在 enable secret 后面显示的是乱码，而 enable password 后面显示的是设置的内容。

显示结束后，系统会提示是否使用这个设置：

Use this configuration? [yes/no]: yes

如果回答 yes，系统就会把设置的结果存入路由器的 NVRAM 中，然后结束设置对话过程,使路由器开始正常的工作。

四、常用命令

1. 帮助

在 IOS 操作中,无论任何状态和位置,都可以键入"?"得到系统的帮助。

2. 改变命令状态

改变命令状态见附表1。

附表1 改变命令状态

任务	命令
进入特权命令状态	enable
退出特权命令状态	disable
进入设置对话状态	setup
进入全局设置状态	config terminal
退出全局设置状态	end
进入端口设置状态	interface type slot/number
进入子端口设置状态	interface type number.subinterface[point-to-point | multipoint]
进入线路设置状态	line type slot/number
进入路由设置状态	router protocol
退出局部设置状态	exit

3. 显示命令

显示命令如附表2所示。

附表2 显示命令

任务	命令
查看版本及引导信息	show version
查看运行设置	show running-config
查看开机设置	show startup-config

续附表2

任务	命令
显示端口信息	show interface type slot/number
显示路由信息	show ip router

4. 拷贝命令

拷贝命令用于 IOS 及 CONFIG 的备份和升级。

5. 网络命令

网络命令如附表3所示。

附表3　网络命令

任务	命令
登录远程主机	telnet hostname∣IP address
网络侦测	ping hostname∣IP address
路由跟踪	trace hostname∣IP address

6. 基本设置命令

基本设置命令如附表4所示。

附表4　基本设置命令

任务	命令
全局设置	config terminal
设置访问用户及密码	username,password
设置特权密码	enable secret password
设置路由器名	hostname name
设置静态路由	ip route destination subnet-mask next-hop
启动 IP 路由	ip routing
启动 IPX 路由	ipx routing
端口设置	interface type slot/number
设置 IP 地址	ip address address subnet-mask

任务	命令
设置 IPX 网络	ipx network network
激活端口	no shutdown
物理线路设置	line type number
启动登录进程	login [local|tacacs server]
设置登录密码	password

五、配置 IP 寻址

1. IP 地址分类

IP 地址分为网络地址和主机地址两个部分。A 类地址前 8 位为网络地址,后 24 位为主机地址;B 类地址前 16 位为网络地址,后 16 位为主机地址;C 类地址前 24 位为网络地址,后 8 位为主机地址。网络地址范围如附表 5 所示。

附表 5　网络地址范围

种类	网络地址范围
A	1.0.0.0 到 126.0.0.0 有效,0.0.0.0 和 127.0.0.0 保留
B	128.1.0.0 到 191.254.0.0 有效,128.0.0.0 和 191.255.0.0 保留
C	192.0.1.0 到 223.255.254.0 有效,192.0.0.0 和 223.255.255.0 保留
D	224.0.0.0 到 239.255.255.255 用于多点广播
E	240.0.0.0 到 255.255.255.254 保留,255.255.255.255 用于广播

2. 分配接口 IP 地址

接口设置　　　　　　　　interface type slot/number
为接口设置 IP 地址　　　ip address ip-address mask

掩码(mask)用于识别 IP 地址中的网络地址位数,IP 地址(ip-address)和掩码(mask)相"与",即得到网络地址。

3. 使用可变长的子网掩码

通过使用可变长的子网掩码可以让位于不同接口的同一网络编号的网络使用不同的掩码,这样可以节省 IP 地址,充分利用有效的 IP 地址空间。

如附图 2 所示,Router1 和 Router2 的 E0 端口均使用了 C 类地址 192.1.0.0 作为网

络地址,Router1 的 E0 端口的网络地址为 192.1.0.128,掩码为 255.255.255.192,Router2 的 E0 端口的网络地址为 192.1.0.64,掩码为 255.255.255.192,这样就将一个 C 类网络地址分配给了两个网,即划分了两个子网,起到了节约地址的作用。

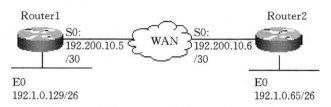

附图 2　使用可变长的子网掩码

4. 使用网络地址翻译(NAT)

NAT(Network Address Translation)起到将内部私有地址翻译成外部合法的全局地址的功能,它使得不具有合法 IP 地址的用户可以通过 NAT 访问到外部 Internet。

当建立内部网的时候,建议使用以下地址组用于主机,这些地址是由 Network Working Group(RFC 1918)保留用于私有网络地址分配的。

Class A：10.1.1.1 to 10.254.254.254

Class B：172.16.1.1 to 172.31.254.254

Class C：192.168.1.1 to 192.168.254.254

命令描述如下：

定义一个标准访问列表：access-list access-list-number permit source [source-wild-card]

定义一个全局地址池：ip nat pool name start-ip end-ip {netmask netmask | prefix-length prefix-length} [type rotary]

建立动态地址翻译：ip nat inside source {list {access-list-number | name} pool name [overload] | static local-ip global-ip}

指定内部和外部端口：ip nat {inside | outside}

路由器的 Ethernet 0 端口为 inside 端口,即此端口连接内部网络,并且此端口所连接的网络应该被翻译,Serial 0 端口为 outside 端口,其拥有合法 IP 地址(由 NIC 或服务提供商所分配的合法的 IP 地址),来自网络 10.1.1.0/24 的主机将从 IP 地址池 c2501 中选择一个地址作为自己的合法地址,经由 Serial 0 口访问 Internet。命令 ip nat inside source list 2 pool c2501 overload 中的参数 overload,将允许多个内部地址使用相同的全局地址(一个合法 IP 地址,它是由 NIC 或服务提供商所分配的地址)。命令 ip nat pool c2501 202.96.38.1 202.96.38.62 netmask 255.255.255.192 定义了全局地址的范围。

设置如下：

```
ip nat pool c2501 202.96.38.1 202.96.38.62 netmask 255.255.255.192
interface Ethernet 0
ip address 10.1.1.1 255.255.255.0
ip nat inside
!
interface Serial 0
ip address 202.200.10.5 255.255.255.252
ip nat outside
!
ip route 0.0.0.0 0.0.0.0 Serial 0
access-list 2 permit 10.0.0.0 0.0.0.255
! Dynamic NAT
!
ip nat inside source list 2 pool c2501 overload
line console 0
exec-timeout 0 0
!
line vty 0 4
end
```

六、配置静态路由

　　通过配置静态路由,用户可以人为地指定对某一网络访问时所要经过的路径,在网络结构比较简单,且一般到达某一网络所经过的路径唯一的情况下采用静态路由。

　　建立静态路由：ip route prefix mask｛address ｜ interface｝［distance］［tag tag］［permanent］

　　Prefix:所要到达的目的网络。

　　mask :子网掩码。

　　address:下一个跳的 IP 地址,即相邻路由器的端口地址。

　　interface:本地网络接口。

　　distance:管理距离(可选)。

　　tag tag:tag 值(可选)。

　　permanent:指定此路由,即使该端口关掉也不被移掉。

　　在 Router1 上设置了访问 192.1.0.64/26 这个网下一跳的地址为 192.200.10.6,即当有目的地址属于 192.1.0.64/26 的网络范围的数据包,应将其路由到地址为 192.200.10.6 的相邻路由器。在 Router3 上设置了访问 192.1.0.128/26 及 192.200.10.4/30 这两个网下一跳的地址为 192.1.0.65。由于在 Router1 上端口 Serial 0 地址为 192.200.10.5，192.200.10.4/30 这个网属于直连的网，已经存在访问 192.200.10.4/30 的路径，所以不需要在 Router1 上添加静态路由，如附图 3 所示。

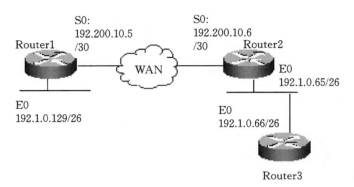

附图 3　配置静态路由

```
Router1:
ip route 192.1.0.64 255.255.255.192 192.200.10.6
Router3:
ip route 192.1.0.128 255.255.255.192 192.1.0.65
ip route 192.200.10.4 255.255.255.252 192.1.0.65
```

同时，由于路由器 Router3 除了与路由器 Router2 相连外，不再与其他路由器相连，所以也可以为它赋予一条默认路由以代替以上的两条静态路由。

```
ip route 0.0.0.0 0.0.0.0 192.1.0.65
```

即只要没有在路由表里找到去特定目的地址的路径，则数据均被路由到地址为 192.1.0.65 的相邻路由器。

附录二 思科交换机配置手册

CISCO 交换机基本配置：Console 端口连接
用户模式 hostname#
特权模式 hostname(config)#
全局配置模式 hostname(config-if)#
交换机口令设置：

```
switch> enable                              //进入特权模式
switch#config terminal                      //进入全局配置模式
switch(config)#hostname csico               //设置交换机的主机名
switch(config)#enable secret csico1         //设置特权加密口令
switch(config)#enable password csico8       //设置特权非密口令
switch(config)#line console 0               //进入控制台口
switch(config-line)#line vty 0 4            //进入虚拟终端
switch(config-line)#login                   //虚拟终端允许登录
switch(config-line)#password csico6         //设置虚拟终端登录口令 csico6
switch#exit                                 //返回命令
```

交换机 vlan 创建，删除，端口属性的设置，配置 trunk 端口，将某端口加入 vlan 中，配置 VTP：

```
switch#vlan database                        //进入 vlan 设置
switch(vlan)#vlan 2                          //建 vlan 2
switch(vlan)#vlan 3 name vlan 3             //建 vlan 3 并命名为 vlan 3
switch(vlan)#no vlan 2                       //删 vlan 2
switch(config)#int f0/1                      //进入端口 1
switch(config)#speed ?                       //查看 speed 命令的子命令
switch(config)#speed 100                     //设置该端口速率为 100 mb/s (10/auto)
switch(config)#duplex ?                      //查看 duplex 的子命令
switch(config)#duplex full                   //设置该端口为全双工 (auto/half)
switch(config)#description TO_PC1            //这时该端口描述为 TO_PC1
switch(config-if)#switchport access vlan 2   //当前端口加入 vlan 2
switch(config-if)#switchport mode trunk      //设置为 trunk 模式 (access 模式)
switch(config-if)#switchport trunk allowed vlan 1,2   //设置允许的 vlan
switch(config-if)#switchport trunk encap dot1q        //设置 vlan 中继
switch(config)#vtp domain vtpserver         //设置 vtp 域名相同
switch(config)#vtp password                 //设置 vtp 密码
```

```
switch(config)#vtp server                          //设置 vtp 服务器模式
switch(config)#vtp client                          //设置 vtp 客户机模式
```

交换机设置 IP 地址,默认网关,域名,域名服务器,配置和查看 MAC 地址表:

```
switch(config)#interface vlan 1                              //进入 vlan 1
switch(config-if)#ip address 192.168.1.1 255.255.255.0 //设置 IP 地址
switch(config)#ip default-gateway 192.168.1.6               //设置默认网关
switch(config)#ip domain-name cisco.com                     //设置域名
switch(config)#ip name-server 192.168.1.18                  //设置域名服务器
switch(config)#mac-address-table?    //查看 mac-address-table 的子命令
switch(config)#mac-address-table aging-time 100   //设置超时时间为 100ms
switch(config)#mac-address-table permanent 0000.0c01.bbcc f0/3   //加入永久
```
地址在 f0/3 端口
```
switch(config)#mac-address-table restricted static 0000.0c02.bbcc f0/6 f0/7
                                 //加入静态地址目标端口 f0/6 源端口 f0/7
switch(config)#end
switch#show mac-address-table                      //查看整个 MAC 地址表
switch#clear mac-address-table restricted static   //清除限制性静态地址
```

交换机显示命令:

```
switch#write                                 //保存配置信息
switch#show vtp                              //查看 vtp 配置信息
switch#show run                              //查看当前配置信息
switch#show vlan                             //查看 vlan 配置信息
switch#show interface                        //查看端口信息
switch#show int f0/0                         //查看指定端口信息
switch#show int f0/0 status                  //查看指定端口状态
switch#dir flash:                            //查看闪存
```